SAMMLUNG GÖSCHEN BAND 1074

VARIATIONSRECHNUNG

von

DR. LOTHAR KOSCHMIEDER
em. o. Prof. an der Universität Tübingen

BAND I

DAS FREIE UND GEBUNDENE EXTREM EINFACHER GRUNDINTEGRALE

Zweite, neubearbeitete Auflage

Mit 23 Abbildungen

WALTER DE GRUYTER & CO.
vormals G. J. Göschen'sche Verlagshandlung · J. Guttentag, Verlagsbuchhandlung · Georg Reimer · Karl J. Trübner · Veit & Comp.
BERLIN 1962

Die Gesamtdarstellung umfaßt folgende Bände:

I: Das freie und gebundene Extrem einfacher Grundintegrale (Band 1074)

II: Anwendung klassischer Verfahren auf allgemeinere Fragen des Extrems. Neuere unmittelbare Verfahren.

 — Archiv-Nr. 7714624. — Satz und Druck: Walter de Gruyter & Co., Berlin W 30. — Printed in Germany.

Inhalt

Schrifttum

über den in diesem Bändchen behandelten Stoff

G. A. Bliss, Calculus of variations, Chicago 1925. Deutsch von F. Schwank, Leipzig 1932.

O. Bolza, Lectures on the calculus of variations, Chicago 1904.

O. Bolza, Vorlesungen über Variationsrechnung, Leipzig und Berlin 1909, Neudruck 1949.

C. Carathéodory, Variationsrechnung und partielle Differentialgleichungen erster Ordnung, Leipzig und Berlin 1935.

L. Euler, Methodus inveniendi lineas curvas maximi minimive proprietate gaudentes, Lausanne und Genf 1744.

A. R. Forsyth, The calculus of variations, Cambridge 1927.

G. Grüß, Variationsrechnung. 1. Aufl. Leipzig 1938. 2. Aufl., herausgeg. von W. Meyer-König, Heidelberg 1955.

J. Hadamard, Leçons sur le calcul des variations, Paris 1910.

H. Hancock, Lectures on the calculus of variations, Cincinnati 1904.

A. Kneser, Lehrbuch der Variationsrechnung. 1. Aufl. Braunschweig 1900, 2. Aufl. ebd. 1925.

L. A. Lusternik, Kürzeste Linien, Berlin 1957.

M. Miller, Variationsrechnung, Leipzig 1959.

F. N. M. Moigno und *L. L. Lindelöf*, Leçons sur le calcul des variations, Paris 1861.

E. Pascal, Calcolo delle variazioni, Mailand 1897. Deutsch von A. Schepp, Leipzig 1899.

L. Tonelli, Fondamenti di calcolo delle variazioni. Bd. 1 Bologna 1922, Bd. 2 ebd. 1923.

G. Vivanti, Elementi del calcolo delle variazioni, Messina 1923.

K. Weierstraß, Vorlesungen über Variationsrechnung. Mathem. Werke Bd. 7, Leipzig 1927.

Zahlreiche Werke über Analysis im allgemeinen enthalten Abschnitte über Variationsrechnung; wir nennen hier nur die Darstellungen von

B. Baule in Bd. V (Variationsrechnung) seiner „Mathematik des Naturforschers und Ingenieurs", 4. Aufl., Leipzig 1954.

C. Carathéodory in: Ph. Frank und R. von Mises, Die Differential- und Integralgleichungen der Mechanik und Physik I, 2. Aufl., Braunschweig 1930, S. 227—279. — R. Courant, ebd., S. 881—908.

A. Duschek in Bd. 3 seiner „Vorlesungen über höhere Mathematik". Wien 1953, S. 185—275.

H. Hahn in: E. Pascal, Repertorium der höheren Mathematik I 2. 2. Aufl. Leipzig 1927, S. 626—684.

R. Courant und *D. Hilbert*, Methoden der mathematischen Physik I. 2. Aufl. Berlin 1931, S. 139—233, 344—404.

Th. Radacović in: H. Geiger und K. Scheel, Handbuch der Physik III. Berlin 1928, S. 388—418.

W. Schmeidler in R. Rothes „ Höherer Mathematik für Mathematiker, Physiker und Ingenieure", Teil VII, Stuttgart 1956, S. 162—215.

Viele Anwendungen der Variationsrechnung auf Mechanik bietet das Werk von

A. G. Webster, The dynamics of particles and of rigid, elastic and fluid bodies, 2. Aufl. Leipzig 1912.

Ausführliche Angaben über das ausgebreitete Schrifttum der Variationsrechnung findet man an folgenden Stellen:

A. Kneser, Enzyklopädie der mathem. Wissenschaften II A 8. Leipzig 1900, S. 571—625.

E. Zermelo und *H. Hahn*, ebd. II A 8 a, 1904, S. 626—641.

M. Lecat, Encyclopédie des sciences mathém. II 31. 1913.

M. Lecat, Bibliographie du calcul des variations 1850—1913. Paris 1913.

Abschnitt I. Das Wesen der Variationsrechnung

§ 1. Einige ihrer Aufgaben

Wie man die Werte einer oder mehrerer unabhängigen Veränderlichen bestimmt, die einer gegebenen Abhängigen einen Extremwert erteilen, lehrt die Differentialrechnung. Aufgabe der Variationsrechnung ist es, Funktionen so zu ermitteln, daß ein von ihnen und ihren Ableitungen abhängiges bestimmtes Integral einen Extremwert annimmt. Wir erläutern diese Fragestellung durch folgende Beispiele[1]):

a) In der Ebene zwischen zwei Punkten P_0, P_1 die kürzeste Verbindungslinie zu finden. — Sind x, y rechtwinklige Koordinaten, P_0, P_1 die Punkte (x_0, y_0), (x_1, y_1) und $x_0 < x_1$, so ist das Integral

$$(1) \qquad I = \int_{x_0}^{x_1} \sqrt{1 + p^2}\, dx, \quad p = \frac{dy}{dx}$$

zum Minimum zu machen, und zwar dadurch, daß man y passend als Funktion von x wählt.

b) In der Ebene zwischen einer Kurve und einem Punkte $P_1(x_1, y_1)$ die kürzeste Verbindungslinie zu finden. — Hier handelt es sich um das Minimum des Integrals (1) mit der Abwandlung, daß $P_0(x_0, y_0)$ nicht wie dort fest, sondern auf der gegebenen Kurve $y_0 = f(x_0)$ beweglich ist.

c) In der Ebene zwischen zwei Punkten P_0, P_1 diejenige Kurve gegebener Länge l zu finden, welche mit der Sehne $P_0 P_1$ den größten Flächeninhalt einschließt. — Da sich dieser von dem Integral $K = \int_{x_0}^{x_1} y\, dx$ nur um einen von der Wahl der Verbindungslinie $P_0 P_1$ unabhängigen Zusatz unterscheidet, so fordert man ein Maximum für K mit der *Nebenbedingung*, daß das Integral (1) einen vorgeschriebenen Wert l habe.

---

[1]) Übersicht über alle weiterhin behandelten *Beispiele* im Sachverzeichnis am Ende des Bändchens.

d) Auf einer Fläche mit der Gleichung

$$\varphi(x, y, z) = 0 \tag{2}$$

zwischen zwei Punkten $P_0(x_0, y_0, z_0)$, $P_1(x_1, y_1, z_1)$ die kürzeste Verbindungslinie zu finden. — Man hat y und z so als Funktionen von x zu wählen, daß sie dem Integral

$$I = \int_{x_0}^{x_1} \sqrt{1 + \left(\frac{dy}{dx}\right)^2 + \left(\frac{dz}{dx}\right)^2}\, dx \tag{3}$$

ein Minimum verschaffen und die Nebenbedingung (2) erfüllen.

e) Zwischen zwei Raumpunkten P_0, P_1 die Brachistochrone, d. h. die Kurve zu bestimmen, auf der ein schwerer Stoffpunkt μ in kürzester Zeit von P_0 nach P_1 gelangt, wenn er P_0 mit gegebener Anfangsgeschwindigkeit v_0 verläßt. Wir lassen die Reibung außer acht, berücksichtigen aber den Widerstand des Mittels als Funktion r der Geschwindigkeit v; es sei $|r(v)| = R(v)$. Die x-Achse falle in die Richtung der Schwere, g sei deren Beschleunigung; die Masse von μ sei eins. Dann sind unter allen Funktionen $y = Y(x)$, $z = Z(x)$, $v = V(x)$, die die Randwerte
$Y(x_0) = y_0$, $Z(x_0) = z_0$, $V(x_0) = v_0$, $Y(x_1) = y_1$, $Z(x_1) = z_1$
besitzen, diejenigen auszuwählen, welche das Integral

$$I = \int_{x_0}^{x_1} \frac{1}{v} \sqrt{1 + \left(\frac{dy}{dx}\right)^2 + \left(\frac{dz}{dx}\right)^2}\, dx \tag{4}$$

zum Minimum machen, außerdem aber der Differentialgleichung

$$\frac{d}{dx}\left(\frac{v^2}{2}\right) = g - R(v) \sqrt{1 + \left(\frac{dy}{dx}\right)^2 + \left(\frac{dz}{dx}\right)^2} \tag{5}$$

als Nebenbedingung genügen. Setzt man $R(v) \equiv 0$, so wird (4), (5) zu einer Aufgabe von der Art a): Wird die senkrechte Ebene, in der die Brachistochrone liegt, zur (x, y)-Ebene gewählt, und bezeichnet h einen Festwert, so wird das Minimum des Integrals

$$(6)\qquad I = \int\limits_{x_0}^{x_1} \frac{1}{\sqrt{2(gx+h)}} \sqrt{1+\left(\frac{dy}{dx}\right)^2}\, dx$$

verlangt, ohne Nebenbedingungen.

f) Unter den ebenen Kurven mit gegebenem Anfangs- und Endpunkte, gegebener Anfangs- und Endtangente die Linie größter Affinlänge zu suchen. — Wie die affine Differentialgeometrie zeigt, kommt es auf das Maximum des Integrals

$$(7)\qquad I = \int\limits_{x_0}^{x_1} \sqrt[3]{\frac{d^2y}{dx^2}}\, dx$$

an, in dessen Integranden die *zweite* Ableitung auftritt.

g) Unter allen Flächen, die von einer gegebenen geschlossenen Raumkurve $\mathfrak{R}$ begrenzt werden, diejenige zu finden, welche den kleinsten Flächeninhalt besitzt.

Zur Ermittlung dieser sogenannten Minimalfläche ist z als Funktion von x *und* y so zu bestimmen, daß ein Minimum des Doppelintegrals

$$I = \int\limits_{\mathfrak{B}}\int \sqrt{1+\left(\frac{\partial z}{\partial x}\right)^2+\left(\frac{\partial z}{\partial y}\right)^2}\, dx\, dy$$

zustande kommt, wo $\mathfrak{B}$ den von der Projektion der Kurve $\mathfrak{R}$ auf die (x,y)-Ebene begrenzten Bereich bedeutet.

§ 2. Der Begriff der Variation

Um die erwähnte Frage nach den Extremwerten einer gegebenen Funktion zu beantworten, zieht man deren *Differential* heran. Es gibt einen verwandten Begriff, dessen wichtigste Anwendung die Lösung von Aufgaben der in § 1 geschilderten Art ist, dessen Bedeutung sich aber darin nicht erschöpft; er führt den Namen *Variation* und läßt sich allgemein wie folgt erklären: Im N-stufigen Ur-Raume, dessen Punkte sich durch die N Zahlen x_i, $i = 1, 2, \ldots, N$ bestimmen, hebt man einen Raum X von $n < N$ Stufen dadurch hervor, daß man

$$x_i = \varphi_i(u_\alpha) \tag{1}$$

als Funktionen der n Unabhängigen u_α gibt, die in einem Gebiete U veränderlich sind. X sei einer Schar von Räumen $\hat{X}$ eingelagert, die, alle demselben Gebiete U entsprechend, von den unabhängigen Parametern $\varepsilon_\mathfrak{a}$, $\mathfrak{a} = 1, \ldots, \mathfrak{p}$ abhängen und alle in X übergehen, wenn $\varepsilon_\mathfrak{a} = 0$, $\mathfrak{a} = 1, \ldots, \mathfrak{p}$ oder, wie wir statt dessen kurz sagen wollen, $\varepsilon = 0$ gesetzt wird.

Jetzt sei Y eine Größe, deren Wert mit U und X gegeben ist; $\hat{Y}$ bedeute den mit U und $\hat{X}$ entsprechend gebildeten Wert. Dann bezeichnen wir den Ausdruck

$$\delta Y = \sum_{\mathfrak{a}}^{1,\mathfrak{p}} d\varepsilon_\mathfrak{a} \left(\frac{\partial \hat{Y}}{\partial \varepsilon_\mathfrak{a}}\right)_0, \text{ wo } \left(\frac{\partial \hat{Y}}{\partial \varepsilon_\mathfrak{a}}\right)_0 = \frac{\partial \hat{Y}}{\partial \varepsilon_\mathfrak{a}}\bigg|^{\varepsilon=0}, \tag{2}$$

als die *Variation* von Y. Sie ist hiernach nichts anderes als das vollständige Differential von $\hat{Y}$ hinsichtlich der Unabhängigen ε, genommen an der Stelle $\varepsilon = 0$. Da die u_α von der Variation nicht betroffen werden, ist

$$\delta u_\alpha = 0. \tag{3}$$

Das durch (2) beschriebene Verfahren wiederholend, erklärt man die q-te Variation $\delta^q Y$ von Y als das q-te vollständige Differential der Funktion $\hat{Y}$ bezüglich der Unabhängigen ε, genommen an der Stelle $\varepsilon = 0$. Nach bekannten Regeln der Differentialrechnung[1]) ist also

$$\delta^q Y = \delta(\delta^{q-1} Y) = \left(\sum_{\mathfrak{a}}^{1,\mathfrak{p}} d\varepsilon_\mathfrak{a} \frac{\partial}{\partial \varepsilon_\mathfrak{a}}\right)^{(q)} \hat{Y}\,\Big|^{\varepsilon=0}, \tag{4}$$

wo in dem letzten Ausdruck die q-te Potenz nach dem polynomischen Lehrsatze symbolisch auszurechnen ist.

§ 3. Die Haupteigenschaften des Zeichens δ

Sind Y_μ, $\mu = 1, \ldots, m$, Funktionen der Art Y, und bedeutet Ψ eine von den ε unabhängige Funktion der Y_μ, so ist, wenn

[1]) Vgl. A. Witting, Differentialrechnung, Slg. Göschen Bd. 87, 1949, S. 88.

$$(1)\qquad \sum_{\mathfrak{a}}^{1,\mathfrak{p}} d\varepsilon_{\mathfrak{a}} \frac{\partial}{\partial \varepsilon_{\mathfrak{a}}} = \delta^*$$

gesetzt wird,

$$\delta^*\hat{\Psi} = \delta^*\Psi(\hat{Y}_1, \ldots, \hat{Y}_m) = \sum_{\mu}^{1,m} \frac{\partial \Psi}{\partial \hat{Y}_\mu} \delta^* \hat{Y}_\mu .$$

Setzt man $\varepsilon = 0$, so ergibt sich die Formel für die *Variation einer zusammengesetzten Funktion*

$$(2)\qquad \delta\Psi(Y_1, \ldots, Y_m) = \sum_{\mu}^{1,m} \frac{\partial \Psi}{\partial Y_\mu} \delta Y_\mu .$$

Wenn man die Vorschrift (1) auf das vollständige Differential

$$dY = \sum_{\alpha}^{1,n} \frac{\partial Y}{\partial u_\alpha} du_\alpha$$

anwendet, erhält man mit Hilfe des Satzes über die Vertauschung der Ableitungsfolge[1])

$$\delta^* d\hat{Y} = d\,\delta^* \hat{Y};$$

hieraus folgt für $\varepsilon = 0$ *die Vertauschbarkeit der Variation mit der Ableitung nach den unvariierten Veränderlichen* (2·3)[2])

$$(3)\qquad \delta\, dY = d\delta Y\ ^{3)}.$$

Auf das über das unvariierte Gebiet U erstreckte n-fache Integral der Funktion $\hat{Y}$ kann man die Regel über die Ableitung eines Integrals nach einem Parameter anwenden; sie liefert

$$\delta^* \int^{(n)} \hat{Y}\, du_1 \cdots du_n = \int^{(n)} \delta^* \hat{Y}\, du_1 \cdots du_n .$$

Setzt man $\varepsilon = 0$, so zeigt sich *die Vertauschbarkeit der Variation mit der Integration über ein unvariiertes Gebiet,*

$$(4)\qquad \delta \int^{(n)} Y\, du_1 \cdots du_n = \int^{(n)} \delta Y\, du_1 \cdots du_n .$$

---

[1]) Vgl. A. Witting, Differentialrechnung, Slg. Göschen Bd. 87, 1949, S. 85. — Man nimmt an, daß auch die gemischten zweiten Ableitungen von Y nach u_α, $\varepsilon_{\mathfrak{a}}$ in U und bei hinreichend kleinen $|\varepsilon_{\mathfrak{a}}|$ vorhanden und stetig seien.

[2]) (a . b) ist die Formel (b) des § a. Wird in § a eine Formel nur mit dem Zeichen (c) angeführt, so ist damit die Formel (a . c) gemeint.

[3]) Die Formeln (3), (4) werden in der Mechanik der Flüssigkeiten benutzt; vgl. G. Jäger, Theoret. Physik I. Slg. Göschen Bd. 76, 4. Aufl. 1909, S. 104.

§ 4. Die Bedeutung der Variation für das Extrem eines Integrals

Mit Benutzung des neuen Zeichens δ behandelt man Aufgaben wie die in § 1 angeführten auf folgende Weise: Die dort auftretenden Integrale sind Größen der Art Y; gesucht wird eine Mannigfaltigkeit X — in den Beispielen § 1, a)—f) eine Kurve, in g) eine Fläche —, die ein Extrem von Y liefert. Man denkt sich X gefunden und nach § 2 in eine Schar von Nachbar-Mannigfaltigkeiten $\hat{X}$ eingelagert. Auch den $\hat{X}$ gegenüber muß X ein Extrem von Y darbieten, es muß also $\hat{Y}$ als Funktion der ε_a an der Stelle $\varepsilon = 0$ ein Extrem aufweisen; daher muß nach bekannten Sätzen der Differentialrechnung über die Extreme der Funktionen mehrerer Veränderlichen ε_a[1]) und nach (2. 2)

$$\delta Y = 0 \tag{1}$$

sein. (1) ist eine *notwendige Bedingung des Extrems von* Y, keineswegs eine hinreichende.

Nach den erwähnten Sätzen ist für das Minimum bzw. Maximum von Y weiter notwendig, daß

(2) $\delta^2 Y \geqq 0$ bzw. (3) $\delta^2 Y \leqq 0$

sei. Man erkennt also auch die *zweite* Variation (2. 4) für das Extrem als wichtig; wir werden uns jedoch dieses Hilfsmittels hier zunächst nicht bedienen. — Man bemerkt beiläufig, daß man sich bei den Fragen des Extrems aufs Minimum beschränken kann, da ein Raum X, der ein Minimum von Y liefert, zugleich ein Maximum für $-Y$ darbietet und umgekehrt.

Für die Variationsrechnung am bedeutsamsten ist der Fall, daß Y ein Integral der Gestalt

$$I = \overset{(n)}{\int} F(x_i, \mathfrak{d}x_i, \ldots, \mathfrak{d}^q x_i)\, du_1 \ldots du_n \tag{4}$$

ist. $\mathfrak{d}^r x_i$ bezeichnet kurz irgendeine r-te Teilableitung der x_i nach den u_α (2. 1); die *Grundfunktion* F, der Integrand des Grundintegrals (4), ist eine gegebene Funktion der

[1]) Vgl. A. Witting, Repetitorium u. Aufgabensammlung zur Differentialrechnung, Slg. Göschen Bd. 146, 1949, S. 101.

verzeichneten Veränderlichen. Treten zur Forderung des Extrems von I keine Nebenbedingungen hinzu, die sich auf *alle* Werte der gesuchten x_i beziehen, so spricht man von einem *freien* Extrem; im entgegengesetzten, verwickelteren Falle, für den § 1 c), d), e) als Beispiele dienen können, liegt eine Aufgabe des *gebundenen* Extrems vor.

Abschnitt II. Das freie Extrem der einfachsten Grundintegrale bei festen Enden

§ 5. Die Fassung der Aufgabe

Wenn (§ 2) $N = 2$, $n = 1$ ist, also nur *eine* Unabhängige $u_1 = t$ auftritt, für die $\delta t = 0$ ist nach (2. 3), hat man es mit der einfachsten der Aufgaben (4. 4) zu tun, in der Ebene einem Linienintegrale extremen Wert zu erteilen. Bei ihrer Behandlung bedienen wir uns folgender Begriffe und Bezeichnungen: Wir stellen eine ebene Kurve $\mathfrak{C}$ meist parametrisch dar, die rechtwinkligen Koordinaten ihrer Punkte also in der Form

$$(1) \qquad x = \varphi(t), \quad y = \psi(t).$$

Diese Punkte selbst bezeichnen wir im allgemeinen durch Ziffern, die wir den zugehörigen Werten der Koordinaten und Parameter als Zeiger anheften; danach ist z. B. 01 der Bogen mit den Enden (x_0, y_0) und (x_1, y_1), die den Parameterwerten t_0 und t_1 entsprechen. Wir schreiben Ziffern auch im Einsetzungs- und am Integralzeichen, z. B.

$$\varphi(t_1) - \varphi(t_0) = \varphi(t)\Big|_0^1, \quad \int_{t_0}^{t_1} \varphi(t)\,dt = \int_0^1 x\,dt.$$

Ableitungen nach t deuten wir durch Striche an, $x' = \varphi'(t)$ usw. — Wir nennen eine *stetige Funktion* einer oder mehrerer Veränderlichen an einer Stelle *regulär*, wenn sie in deren Umgebung stetige erste Ableitungen besitzt. Der *Bogen* 01 der Kurve (1) heiße *regulär*, wenn $\varphi(t)$, $\psi(t)$ im Bereiche $t_0 \leqq t \leqq t_1$, kurz $[t_0 t_1]$ regulär sind und x', y' dort nicht zugleich verschwinden, also überall

(2) $$x'^2 + y'^2 > 0$$

ist. Indem wir unter F eine an den zu betrachtenden Stellen reguläre Funktion der vier Veränderlichen x, y, x', y' mit regulären ersten Teilableitungen $\partial F/\partial x = F_x$ usw. nach diesen verstehen, fassen wir jetzt die eingangs gestellte Aufgabe so: *Man soll die gegebenen Punkte* 0 *und* 1 *durch eine solche reguläre Kurve* $\mathfrak{A}$ *verbinden, daß das Integral*

(3) $$I_{01} = \int_0^1 F(x, y, x', y')\, dt, \qquad t_0 < t_1$$

einen extremen Wert erhält. Wir werden später (§ 14, bei den hinreichenden Bedingungen) noch genauer angeben, welche Kurven $\mathfrak{B}$ mit bestimmtem Werte von (3) wir zum Wettbewerb um das Extrem von I_{01} zulassen oder, wie man auch sagt, als *Vergleichskurven* in Betracht ziehen. Dagegen wollen wir sogleich die Klasse der Grundfunktionen einschränken, und zwar durch die in allen belangreichen Fällen erfüllte Forderung, daß das von der Wahl der Kurve $\mathfrak{C}$ abhängige Grundintegral (3) nicht von der Wahl der Parameters t auf $\mathfrak{C}$ abhängen soll. Diese Parameter-Invarianz des Integrals I_{01} drückt sich wie folgt aus: Vollzieht man den Wechsel des Parameters $t = \chi(\tau)$, $t_0 = \chi(\tau_0)$, $t_1 = \chi(\tau_1)$ und nimmt $k = dt/d\tau = \chi'(\tau) > 0$ an, so daß t und τ zugleich wachsen, dann soll (3) seine Form behalten, also, wenn $dx/d\tau = \dot{x}$ usw. gesetzt wird,

(4) $$\int_{t_0}^{t_1} F(x, y, x', y')\, dt = \int_{\tau_0}^{\tau_1} F(x, y, \dot{x}, \dot{y})\, d\tau$$

sein. Wenn man nach τ_1 ableitet und den Zeiger 1 unterdrückt, so erhält man, weil $\dot{x} = kx'$ wird,

(5) $$F(x, y, kx', ky') = k\, F(x, y, x', y'), \quad k > 0.$$

Da umgekehrt (4) aus (5) folgt, so erweist sich als *kennzeichnende Bedingung der Parameter-Invarianz des Grundintegrals*, daß die Grundfunktion in den beiden letzten Veränderlichen positiv-homogen von erster Stufe ist. Dies wird weiterhin angenommen.

Aus (5) lassen sich einige später nützliche Identitäten gewinnen. Leitet man (5) nach k ab und setzt dann $k = 1$, so erhält man, rechte und linke Seite vertauschend,

(6) $$F = x'F_{x'} + y'F_{y'};$$

weitere Ableitung nach x und y liefert

(7) $F_x = x'F_{xx'} + y'F_{xy'}$, (8) $F_y = x'F_{yx'} + y'F_{yy'}$.

Wenn man (6) nach x' und y' ableitet, erhält man

(9) $x'F_{x'x'} + y'F_{x'y'} = 0$, (10) $x'F_{y'x'} + y'F_{y'y'} = 0$.

Die Aussagen (6) bzw. (9), (10) stellen Sonderfälle des Eulerschen Satzes über homogene Funktionen dar, mit der ersten bzw. nullten Homogenitätsstufe. Diese bestätigt man für $F_{x'}$, $F_{y'}$ auch durch Ableitung von (5) nach x', y',

(11) $$F_{x'}(x, y, kx', ky') = F_{x'}(x, y, x', y'),$$

(12) $$F_{y'}(x, y, kx', ky') = F_{y'}(x, y, x', y').$$

Aus (9) und (10) folgt

$$F_{x'x'} : F_{x'y'} : F_{y'y'} = y'^2 : -x'y' : x'^2;$$

daher gibt es eine Funktion $F_1(x, y, x', y')$ der Art, daß

(13) $F_{x'x'} = y'^2F_1$, $F_{x'y'} = -x'y'F_1$, $F_{y'y'} = x'^2F_1$

ist. F_1 ist in x', y' homogen von (-3)-ter Stufe,

(14) $$F_1(x, y, kx', ky') = k^{-3}F_1(x, y, x', y').$$

Die Funktion F_1 spielt, wie sich in § 18 zeigen wird, für das Extrem von (3) eine besondere Rolle. Ist $F_1(x, y, \cos\psi, \sin\psi)$ in jedem Punkte eines Gebietes $\mathfrak{R}$ der (x, y)-Ebene nach jeder Richtung ψ (mit $\cos\psi = x'$, $\sin\psi = y'$) einerlei Zeichens $\neq 0$, so heißt das Problem der Variation von I_{01} *regulär* in $\mathfrak{R}$.

§ 6. Die erste Variation von I

Zu der Aufgabe (5. 3) zurückkehrend, haben wir nach § 4 die erste Variation des Grundintegrals zu bilden und gleich Null zu setzen. Wir berechnen δI_{01} zuerst für eine beliebige Kurve $\mathfrak{C}$; diese ist dann der Raum X des § 2, während

$[t_0 t_1]$ das Gebiet U vorstellt. Die Schar der Nachbarn $\hat{\mathfrak{C}}$ von $\mathfrak{C}$ können wir mit einem einzigen ($\mathfrak{p} = 1$) Parameter ε in der Form ansetzen

(1) $$\hat{x} = x + \alpha(t, \varepsilon), \qquad \hat{y} = y + \beta(t, \varepsilon),$$

wo die Zusatzfunktionen α, β die Eigenschaften besitzen

(2) $$\alpha(t, 0) = \beta(t, 0) = 0$$

und mit $\alpha_\varepsilon, \beta_\varepsilon$ bei beschränktem $|\varepsilon|$ in $[t_0, t_1]$ regulär sind; dann sind nach (2.2) die Variationen der Koordinaten

(3) $$\delta x = \alpha_\varepsilon(t, 0)\, d\varepsilon, \qquad \delta y = \beta_\varepsilon(t, 0)\, d\varepsilon.$$

Das Grundintegral, längs $\hat{\mathfrak{C}}$ gebildet, ist

$$\hat{I} = \int_{t_0}^{t_1} F(\hat{x}, \hat{y}, \hat{x}', \hat{y}')\, dt;$$

man erhält nach (3. 4), (3. 2)

(4) $$\delta I_{01} = d\varepsilon \left.\frac{\partial \hat{I}}{\partial \varepsilon}\right|^{\varepsilon = 0} = \delta \int_0^1 F\, dt = \int_0^1 \delta F\, dt$$
$$= \int_0^1 (F_x \delta x + F_y \delta y + F_{x'} \delta x' + F_{y'} \delta y')\, dt.$$

Hierin kann man nach (3. 3)

(5) $$\delta x' = \delta \frac{dx}{dt} = \frac{d\delta x}{dt}, \qquad \delta y' = \delta \frac{dy}{dt} = \frac{d\delta y}{dt}$$

setzen; nimmt man $\mathfrak{C}$ nicht nur als regulär, sondern auch als stetig gekrümmt an, so wird in (4) eine Teilintegration der beiden letzten Glieder des Integranden möglich, und es ergibt sich

(6) $$\delta I_{01} = F_{x'} \delta x + F_{y'} \delta y \,\Big|_0^1$$
$$+ \int_0^1 [(F_x - F'_{x'})\, \delta x + (F_y - F'_{y'})\, \delta y]\, dt.$$

Dabei ist z. B. unter $F'_{x'}$ die Größe

(7) $$\frac{dF_{x'}}{dt} = F_{x'x} x' + F_{x'y} y' + F_{x'x'} x'' + F_{x'y'} y''$$

zu verstehen, eine auf $\mathfrak{C}$ stetige Funktion von t.

Die Ausdrücke

$$(8)\qquad P = F_x - F'_{x'}, \qquad (9)\qquad Q = F_y - F'_{y'}$$

lassen sich umformen; nach (5. 7) und (7) ist nämlich

$$P = y' F_{xy'} - y' F_{yx'} - x'' F_{x'x'} - y'' F_{x'y'},$$

und weiter nach (5. 13)

$$(10)\qquad P = y' T, \quad \text{— entsprechend} \quad (11)\qquad Q = -x' T,$$

wo

$$(12)\qquad T = F_{xy'} - F_{yx'} + (x'y'' - y'x'') F_1$$

gesetzt ist. Daher kann man die Größe (6)

$$(13)\qquad \delta I_{01} = F_{x'} \delta x + F_{y'} \delta y \Big|_0^1 + \int_0^1 (P \delta x + Q \delta y)\, dt$$

mit der Bezeichnung

$$(14)\qquad y' \delta x - x' \delta y = v$$

auch schreiben

$$(15)\qquad \delta I_{01} = F_{x'} \delta x + F_{y'} \delta y \Big|_0^1 + \int_0^1 T v\, dt.$$

Wir vermerken die aus (10), (11) folgende Beziehung

$$(16)\qquad P x' + Q y' = 0.$$

Die hergeleiteten Formeln gelten auch, wenn man unter $\mathfrak{C}$ im besonderen die Kurve $\mathfrak{A}$ der Aufgabe (5. 3) versteht — unter der Voraussetzung, die wir jetzt einführen, daß $\mathfrak{A}$ *auch stetig gekrümmt* sei. Für $\mathfrak{A}$ gilt aber nach (4. 1)

$$(17)\qquad \delta I_{01} = 0.$$

Bei der Aufgabe (5. 3) handelte es sich um das Extrem bei *festen* Enden; für die Nachbarn $\hat{\mathfrak{A}}$ von $\mathfrak{A}$ ist also außer (2) noch zu fordern $\hat{x}_0 = x_0, \ldots, \hat{y}_1 = y_1$, d. h.

$$(18)\qquad \alpha(t_0, \varepsilon) = \beta(t_0, \varepsilon) = 0, \qquad (19)\qquad \alpha(t_1, \varepsilon) = \beta(t_1, \varepsilon) = 0.$$

Da hiernach und nach (3)

$$(20) \quad \delta x_0 = \delta y_0 = 0, \qquad (21) \quad \delta x_1 = \delta y_1 = 0$$

zu setzen ist, fallen in (13) und (15) die vom Integralzeichen freien Glieder weg, und man erhält nach (17) als notwendige Bedingungen des genannten Extrems

$$(22) \int_0^1 (P\delta x + Q\delta y)\, dt = 0 \quad \text{oder} \quad (23) \int_0^1 Tv\, dt = 0.$$

Bei den möglichen Annahmen $\delta y = 0$ bzw. $\delta x = 0$ folgen aus (22) die beiden Gleichungen

$$(24) \quad \int_0^1 P\delta x dt = 0, \qquad (25) \quad \int_0^1 Q\delta y dt = 0.$$

Die Willkürlichkeit (3) von $\delta x, \delta y$ macht es wahrscheinlich, daß man aus (24) bzw. (25) schließen könne

$$(26) \qquad P = 0, \qquad\qquad (27) \quad Q = 0;$$

§ 7 wird diese Vermutung als richtig erweisen.

§ 7. Der Haupthilfssatz der Variationsrechnung

Die Variationen $\delta x, \delta y$ sind, wie in (6. 5) benutzt wurde, reguläre Funktionen von t, und sie verschwinden nach (6. 20), (6. 21) an den Enden; im übrigen sind sie willkürlich. Da P, Q nach den Voraussetzungen des § 6 längs $\mathfrak{A}$ stetige Funktionen von t sind, so sind die Gleichungen (6. 26), (6. 27) erwiesen, wenn folgender Satz gilt: *Ist $M(t)$ eine in $[t_0 t_1]$ stetige Funktion und*

$$\int_{t_0}^{t_1} M w dt = 0$$

für alle in $[t_0 t_1]$ regulären Funktionen w, die in t_0 und t_1 verschwinden, so ist in $[t_0 t_1]$

$$M \equiv 0.$$

Man erkennt diesen *Haupthilfssatz der Variationsrechnung* folgendermaßen als richtig: Angenommen, es sei an einer

Stelle τ in $[t_0 t_1]$, entgegen der Behauptung, $M(\tau) \neq 0$, etwa $M(\tau) > 0$; dann gibt es zufolge der Stetigkeit von M einen Teilbereich $\tau_0 \leqq \tau \leqq \tau_1$ von $[t_0 t_1]$, so daß $M(t) > 0$ in $[\tau_0 \tau_1]$. Nun wähle man $w \equiv 0$ außerhalb $[\tau_0 \tau_1]$ und

$$w = (t - \tau_0)^2 (\tau_1 - t)^2 \text{ in } [\tau_0 \tau_1].$$

w besitzt dann die vorausgesetzten Eigenschaften: Es ist $w(t_0) = w(t_1) = 0$, und $w'(t)$ ist in $[t_0 t_1]$ stetig; an den allein zu prüfenden Stellen $t = \tau_0, \tau_1$ ist nämlich $w'(\tau_0) = w'(\tau_1) = 0$. Gleichwohl wäre

$$\text{(1)} \qquad \int_{t_0}^{t_1} M w\, dt = \int_{\tau_0}^{\tau_1} M w\, dt > 0$$

wegen des positiven Integranden im zweiten Integral; (1) aber widerspricht der Voraussetzung.

§ 8. Extremalen

Jetzt ist bewiesen, daß längs $\mathfrak{A}$ die Aussagen (6. 26), (6. 27) gelten. Bezeichnet man Kurven, längs deren diese Differentialgleichungen zweiter Ordnung, die sogenannten *Eulerschen Differentialgleichungen*[1]) bestehen, als *Extremalen*, so ergibt sich als *notwendige* Bedingung des Extrems: *Soll eine reguläre stetig gekrümmte Kurve $\mathfrak{A}$ ein Extrem des Integrals* (5. 3) *liefern, so muß sie eine Extremale sein.* (6. 26), (6. 27) sind nicht unabhängig voneinander, wie aus (6. 10), (6. 11) hervorgeht; sie können durch die einzige Differentialgleichung zweiter Ordnung

$$\text{(1)} \qquad T = \mathfrak{T}(x, y, x', y', x'', y'') = 0$$

ersetzt werden. Man kann deren Gültigkeit auch unmittelbar aus (6. 23) herleiten: Für die Nachbarn $\hat{\mathfrak{A}}$ von $\mathfrak{A}$ ist im Einklang mit (6. 1), (6. 2), (6. 20), (6. 21) der Ansatz möglich

$$\text{(2)} \qquad \hat{x} = x + \frac{\varepsilon y' \gamma(t)}{x'^2 + y'^2}, \quad \hat{y} = y - \frac{\varepsilon x' \gamma(t)}{x'^2 + y'^2},$$

[1]) L. Euler, 1707—1783. — Man benennt sie auch nach J. L. Lagrange (1736—1813).

in dem $\gamma(t)$ eine solche in $[t_0 t_1]$ reguläre Funktion bedeutet, daß $\gamma(t_0) = \gamma(t_1) = 0$ ist. Aus (2) erhält man

$$\delta x = \frac{y'\gamma(t)}{x'^2 + y'^2}\, d\varepsilon, \quad \delta y = \frac{-x'\gamma(t)}{x'^2 + y'^2}\, d\varepsilon, \quad v = \gamma(t)\, d\varepsilon$$

nach (6. 14). Jetzt wird auf (6. 23) der Haupthilfssatz anwendbar; er liefert (1).

Um (1) zu integrieren, bedarf es einer Wahl des bisher nicht festgelegten Parameters t etwa auf Grund einer Gleichung

(3) $\mathfrak{g}(t, x, y) = 0$, oder Differentialgleichung

(4) $$\mathfrak{G}(t, x, y, x', y') = 0$$

mit einer auf einen Wert t^* von t bezüglichen Anfangsbedingung, nämlich

(5) $$\mathfrak{A}(t^*, x^*, y^*) = 0,$$

worin x^*, y^* die Werte von x, y für $t = t^*$ sind.

Im ersten Falle (Beispiel der Abszisse als des Parameters, § 9) kann man x vermöge (3) aus (1) entfernen; dann bleibt für y als Funktion von t eine Differentialgleichung zweiter Ordnung übrig, deren Lösung $y = \eta(t, a, b)$ zwei Festwerte a, b enthält. Aus (3) findet man $x = \xi(t, a, b)$.

Im zweiten Falle [für den die Wahl der Bogenlänge als des Parameters (§ 9) ein Beispiel darbietet] setze man $x' = \mathfrak{x}$, $y' = \mathfrak{y}$; dann liegen außer diesen nach (1) und (4) noch die weiteren Beziehungen vor

$$\mathfrak{T}(x, y, \mathfrak{x}, \mathfrak{y}, \mathfrak{x}', \mathfrak{y}') = 0, \quad \mathfrak{G}(t, x, y, \mathfrak{x}, \mathfrak{y}) = 0.$$

Aus der vierten dieser vier letzten Gleichungen berechne man $\mathfrak{y} = \mathfrak{Y}(t, x, y, \mathfrak{x})$ und setze diesen Wert in die drei übrigen soeben genannten Gleichungen ein; dann erhält man

$$\mathfrak{T}(x, y, \mathfrak{x}, \mathfrak{Y}, \mathfrak{x}', \mathfrak{Y}') = \mathfrak{t}(t, x, y, \mathfrak{x}, \mathfrak{x}') = 0, \quad x' = \mathfrak{x},$$
$$y' = \mathfrak{Y}(t, x, y, \mathfrak{x}).$$

Das Gefüge dieser drei Differentialgleichungen erster Ordnung für x, y, $\mathfrak{x}$ integriert sich durch Funktionen von t, in denen drei Festwerte a, b, c auftreten.

(6) $x = \Xi(t, a, b, c), \quad y = H(t, a, b, c), \quad \mathfrak{x} = \mathfrak{X}(t, a, b, c).$

Aus der Bedingung (5), die jetzt die Gestalt

$$\mathfrak{A}[t^*, \Xi(t^*, a, b, c), H(t^*, a, b, c)] = 0$$

annimmt, kann man c durch a, b und den gegebenen Wert t^* ausdrücken; die Einsetzung dieses $c = \mathfrak{C}(a, b, t^*)$ in (6) liefert, wie im ersten Falle,

(7) $$x = \xi(t, a, b), \quad y = \eta(t, a, b).$$

In beiden Fällen bestimmen sich a und b daraus, daß $\mathfrak{C}$ durch zwei gegebene Punkte $P_0(x_0, y_0)$, $P_1(x_1, y_1)$ gehen [oder eine ähnliche Forderung (§ 25) erfüllen] soll; diese Vorschrift führt zu den vier Gleichungen

(8) $$x_0 = \xi(t_0, a, b), \quad y_0 = \eta(t_0, a, b),$$
$$x_1 = \xi(t_1, a, b), \quad y_1 = \eta(t_1, a, b)$$

mit den vier Unbekannten a, b, t_0, t_1.

Man beachte eine Vereinfachung, die die erste bzw. zweite Eulersche Differentialgleichung (6. 26) bzw. (6. 27) darbieten kann: Ist F von x bzw. y frei, so wird diese Gleichung nach (6. 8) bzw. (6. 9) sogleich einmal integrierbar mit dem Ergebnisse

(9) $F_{x'} = \text{const.}$, bzw. (10) $F_{y'} = \text{const.}$

§ 9. Besondere Parameter

Bei allgemeinen Erörterungen ist es oft vorteilhaft, die *Bogenlänge* s als Parameter t zu wählen; hierdurch fügt man zu (8. 1) die Beziehung (8. 4)

(1) $$x'^2 + y'^2 = 1,$$

mit (8. 5) als Forderung, daß etwa $s = 0$ sei in $P_0(t^* = t_0 = 0)$.

In Beispielen verwendet man häufig mit Nutzen die Abszisse x als Parameter; wir schreiben die Ableitungen nach x

(2) $$\frac{dy}{dx} = y^{`} = p, \frac{d^2y}{dx^2} = y^{``} = q, \ldots, \frac{d^ny}{dx^n} = y^{(n)}.$$

Den Übergang von t zu x, bei dem (8. 3) $\mathfrak{g} = t - x$ ist, vermitteln folgende Formeln: Es sei, wenn etwa $x' > 0$,

$$(3) \qquad F(x, y, 1, p) = f(x, y, p), \quad p = \frac{y'}{x'};$$

dann ist nach (5. 5)

$$(4) \quad F(x, y, x', y') = x' f(x, y, p), \quad (5) \quad F\,dt = f\,dx,$$

$$(6) \qquad I = \int F(x, y, x', y')\,dt = \int f(x, y, p)\,dx.$$

Leitet man (4) nach x, y bzw. x', y' ab und unterdrückt wie in (5) die sonst angeführten Argumente, so erhält man

$$(7) \quad F_x = x' f_x, \qquad (8) \quad F_y = x' f_y,$$

$$(9) \quad F_{x'} = f - p f_p, \qquad (10) \quad F_{y'} = f_p,$$

$$(11) \quad F_{y'y'} = x'^{-1} f_{pp}; \qquad (12) \quad F_1 = x'^{-3} f_{pp}$$

folgt aus (5. 13) und (11). Nach (6. 8), (6. 9) wird

$$(13) \qquad P = x'\left[f_x - \frac{d}{dx}(f - p f_p)\right],$$

$$(14) \qquad Q = x'\left(f_y - \frac{d}{dx} f_p\right);$$

die Eulerschen Gleichungen (6. 26), (6. 27) nehmen daher die Gestalt an

$$(15) \quad f_x - \frac{d}{dx}(f - p f_p) = 0, \qquad (16) \quad f_y - \frac{d}{dx} f_p = 0.$$

Ist f von x bzw. y frei, so lassen sie sogleich die Integration zu

$$(17) \quad f - p f_p = \text{const.}, \quad \text{bzw.} \quad (18) \quad f_p = \text{const.}$$

§ 10. Beispiele der Extremalenbestimmung

Indem wir die Forderung des Extrems eines Integrals (4. 4) kurz durch den Ansatz $\delta I = 0$ andeuten, behandeln wir jetzt eine Reihe von Beispielen für die Integration der Eulerschen Differentialgleichungen.

Als *Beispiel* 1 wählen wir die Aufgabe § 1, a),

$$(1) \qquad \delta \int \sqrt{1+p^2}\, dx = 0 .$$

Da hier $f(x, y, p) = \sqrt{1+p^2}$, gibt (9.18)

$$f_p = \frac{p}{\sqrt{1+p^2}} = c, \quad p = \frac{dy}{dx} = a,$$

$$(2) \qquad y = ax + b,$$

wo c, a und b fest. Die Extremalen sind die Geraden der Ebene, von denen genau eine durch zwei gegebene Punkte geht. — Dieselben Ergebnisse, wenn allgemeiner die Grundfunktion (9. 3) eine *beliebige* Funktion $f(p)$ von p ist.

Beispiel 2. In der Ebene γ zwischen zwei Punkten 0, 1 diejenige Kurve zu ziehen, welche bei Drehung um eine Gerade $\mathfrak{g}$ von γ die Fläche kleinsten Inhaltes O erzeugt.

Ist γ die (x, y)-Ebene, $\mathfrak{g}$ die x-Achse, so ist $O = 2\pi \int y\, ds$; daher ist

$$(3) \qquad \delta \int y \sqrt{1+p^2}\, dx = 0$$

zu setzen. Da hier in der Bezeichnung (9. 6)

$$f = f(x, y, p) = y\sqrt{1+p^2}, \quad f_x = 0,$$

$$f_p = \frac{yp}{\sqrt{1+p^2}}, \quad f - p f_p = \frac{y}{\sqrt{1+p^2}}$$

ist, erhält man nach (9. 17)

$$\frac{y}{\sqrt{1+p^2}} = a, \quad dx = \frac{a\, dy}{\sqrt{y^2 - a^2}} .$$

Setzt man $y = a \operatorname{Cof} t$, so wird $dx = a\, dt$, $x = at + b$, also

$$(4) \qquad y = a \operatorname{Cof} \frac{x-b}{a},$$

wo a, b Festwerte sind. Die Extremalen sind also Kettenlinien mit der x-Achse als Grundlinie. — Um die Extremale zwischen 0 und 1 zu finden, hätte man a und b aus den Gleichungen zu bestimmen

$$y_0 = a \operatorname{Cof} \frac{x_0 - b}{a}, \quad y_1 = a \operatorname{Cof} \frac{x_1 - b}{a}.$$

Wir verzichten auf die Behandlung dieser nicht immer lösbaren Aufgabe.

Beispiel 3. Ermittlung der gewöhnlichen Brachistochrone, d. h. Lösung der Aufgabe § 1, e) im Sonderfalle (1. 6): Es ist

$$\delta \int_0^1 \frac{\sqrt{x'^2 + y'^2}}{\sqrt{x + k}}\, dt = 0, \quad k = -x_0 + \frac{v_0^2}{2g}$$

zu setzen. (8. 5) liefert

$$\frac{1}{\sqrt{x+k}} \frac{y'}{\sqrt{x'^2 + y'^2}} = a. \tag{5}$$

Als den Parameter t wähle man den Winkel der Kurventangente mit der x-Achse; dann ist

$$\frac{y'}{\sqrt{x'^2 + y'^2}} = \frac{dy}{ds} = \sin t,$$

und man findet aus (5)

$$x + k = \frac{1}{a^2} \sin^2 t = c(1 - \cos 2t), \quad c = \frac{1}{2a^2}. \tag{6}$$

Mit dem hieraus folgenden Werte $x' = 2c \sin 2t$ erhält man

$$y' = x' \operatorname{tg} t = 4c \sin^2 t = 2c(1 - \cos 2t),$$

$$y + l = c(2t - \sin 2t); \tag{7}$$

c und l sind die beiden Festwerte der Integration. Ersetzt man $2t$ durch u, so erhält man die Extremalen nach (6) und (7) endgültig in der Gestalt

$$x = c(1 - \cos u) - k = \xi(u, c, l), \tag{8}$$

$$y = c(u - \sin u) - l = \eta(u, c, l); \tag{9}$$

sie bilden also eine zweifache Schar $\mathfrak{z}$ von Zykloiden, die dadurch entstehen, daß ein Kreis vom Halbmesser c auf der unteren Seite der Geraden $\mathfrak{g}$ mit der Gleichung $x + k = 0$ rollt.

Nun wird noch verlangt, diejenige Kurve der Schar $\mathfrak{z}$ zu finden, welche durch die unterhalb von $\mathfrak{g}$ gegebenen Punkte 0, 1 ($y_0 \neq y_1$) hindurchgeht (Abb. 1)[1]. Es gibt genau eine

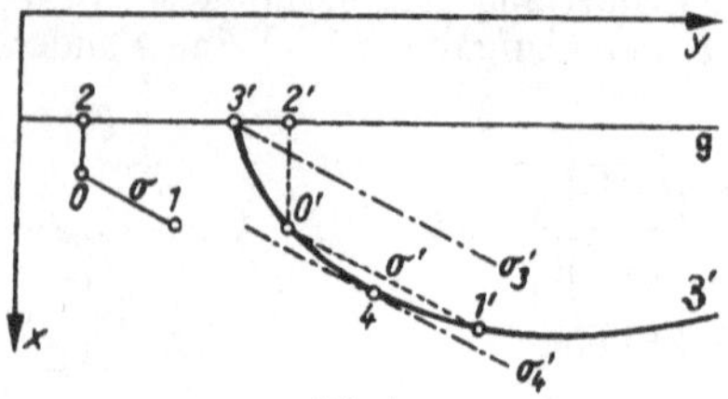

Abb. 1.

zwischen 0 und 1 spitzenfreie solche Zykloide $\mathfrak{Z}$, wie folgende Überlegung zeigt: $\mathfrak{Z}'$ sei ein beliebiges Mitglied von $\mathfrak{z}$; man schneide einen Bogen von $\mathfrak{Z}'$, auf dem $0 \leqq u < 2\pi$, mit einer beliebigen Parallelen $\sigma' = 0'1'$ zu $\sigma = 01$. Wenn man σ' parallel zu σ aus der Lage σ'_3 in die Tangente σ'_4 an $\mathfrak{Z}'$ überführt, durchläuft das Verhältnis $\lambda' = 2'0' : 0'1'$ gerade einmal alle Werte von 0 bis ∞, nimmt also gerade einmal den gegebenen Wert $\Lambda' = \Lambda = 20 : 01$ an. Dabei braucht keineswegs $20 = 2'0'$, $01 = 0'1'$ zu sein. Um dies zu erreichen, wandelt man $\mathfrak{Z}'$ von $3'(-k, -l)$ aus durch Änderung von c ähnlich zu einer ähnlichen Zykloide $\mathfrak{Z}''$ ab, bei der $\lambda'' = 2''0'' : 0''1'' = \lambda'$ ist; es gibt gerade einen Wert von c, bei dem $2''0'' = 20$, $0''1'' = 01$ wird. Durch geeignete Wahl des Wertes l, dessen Änderung eine Verschiebung von $\mathfrak{Z}''$ längs $\mathfrak{g}$ zur Folge hat, kann man den Bogen $0''1''$ in die Lage 01 bringen. Damit ist die gestellte Aufgabe eindeutig gelöst.

---

[1]) Bezeichnungen, deren Sinn aus der Abbildung (oder aus dem Zusammenhang) deutlich hervorgeht, werden im Texte nicht besonders erklärt.

Beispiel 4. Auf einen Punkt P der Ebene wirken Kräfte, die aus einem Potential herleitbar sind; man bestimme seine Bahn nach dem Euler-Jacobischen[1]) Grundsatz der kleinsten Wirkung.

Es handelt sich um einen Sonderfall der Forderung, die Gesetze der Physik aus dem Verschwinden der Variation eines geeigneten Integrals herzuleiten. Dieses ist hier die Wirkung $A = \int v\,ds$, wo v die Geschwindigkeit bedeutet; v drückt sich als Funktion w der Koordinaten x, y von P mit Hilfe der Beziehung aus

$$\frac{1}{2} m v^2 = U + h, \tag{10}$$

in der U das Potential, also eine Ortsfunktion ist, und m die Masse von P, h einen Festwert bezeichnet.

Bei dem genannten Integrale

$$A = \int w(x, y) \sqrt{x'^2 + y'^2}\, dt \tag{11}$$

gilt z. B. in bezug auf die Koordinate x

$$F_x = w_x s', \quad F_{x'} = w \frac{x'}{s'};$$

daher ergibt sich aus dem Ansatze $\delta A = 0$ nach (6.8), (6.26)

$$w_x s' - \left(w \frac{x'}{s'}\right)' = 0$$

oder, wenn man die Zeit τ durch die Formel $ds/v = d\tau$ als Hilfsgröße einführt,

$$w w_x = \frac{d}{d\tau}\left(\frac{ds}{d\tau} \frac{dx}{ds}\right);$$

schließlich nach (10)

$$\frac{1}{m} U_x = \frac{d^2 x}{d\tau^2}.$$

Für y gilt eine entsprechende Herleitung; in den so gefundenen Gleichungen

---

[1]) C. G. J. Jacobi, 1804—1851.

$$(12) \qquad m\frac{d^2x}{d\tau^2} = U_x, \quad m\frac{d^2y}{d\tau^2} = U_y$$

hat man in der Tat die Bewegungsgleichungen der Mechanik gewonnen.

Die Bahn des Punktes P bestimmt sich aus (11) in zwei Fällen besonders einfach:

a) wenn die wirkende Kraft senkrecht zu einer festen Geraden $\mathfrak{g}$ gerichtet ist und nur von dem Abstande zwischen P und $\mathfrak{g}$ abhängt.

Wählt man $\mathfrak{g}$ zur y-Achse und setzt $U = X(x)$, so ist

$$(13) \qquad \delta\int\sqrt{X+h}\sqrt{1+p^2}\,dx = 0$$

zu setzen; aus (9. 18) ergibt sich

$$f_p = \sqrt{X+h}\,\frac{p}{\sqrt{1+p^2}} = c, \quad (X+h-c^2)\,p^2 = c^2,$$

$$(14) \quad dy = \frac{c\,dx}{\sqrt{X+h-c^2}}, \quad (15) \quad y = c\int\frac{dx}{\sqrt{X+h-c^2}}.$$

Der einfachste Sonderfall ist $X = gx$[1]; die wirkende Kraft ist die nach der $(+\,x)$-Achse gerichtete Schwere. Wenn man $h = gk$ setzt und c durch $c\sqrt{g}$ ersetzt, ergibt sich aus (15)

$$(16) \qquad y + l = 2c\sqrt{x+k-c^2}\,;$$

diese Gleichung stellt Parabeln dar, von denen eine einzelne den Brennpunkt $(2c^2 - k, -l)$ hat, die also alle dieselbe Leitlinie $\mathfrak{L}$ mit der Gleichung $x + k = 0$ besitzen.

Zur Lösung der Aufgabe, eine Parabel (16) durch zwei gegebene Punkte 0,1 zu legen (Abb. 2), betrachten wir zunächst die einfache Schar der Parabeln durch 0, deren Gleichung

$$y - y_0 = 2c\left(\sqrt{x+k-c^2} - \sqrt{x_0+k-c^2}\right)$$

sich leicht auf die Gestalt bringen läßt

[1]) mit $m = 1$.

$$(17)\quad x - x_0 = \frac{1}{4c^2}(y - y_0)^2 + \frac{1}{c}\sqrt{x_0 + k - c^2}\,(y - y_0).$$

Sie stimmt überein mit der bekannten[1]) Gleichung

$$(18)\quad x - x_0 = \frac{g}{2v_0^2\cos^2\varphi}(y - y_0)^2 - \operatorname{tg}\varphi\,(y - y_0)$$

der Parabeln, die beim Wurfe von 0 mit dem Steigungs-

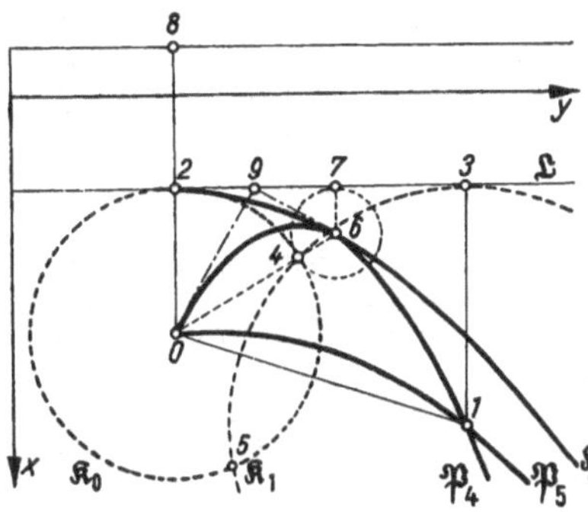

Abb. 2

winkel φ und der Anfangsgeschwindigkeit v_0 zustande kommen. Um (18) in (17) überzuführen, braucht man nur

$$(19)\quad \frac{1}{4c^2} = \frac{g}{2v_0^2\cos^2\varphi}, \qquad (20)\quad \frac{1}{c}\sqrt{x_0 + k - c^2} = -\operatorname{tg}\varphi$$

zu setzen; dadurch bestätigt man

$$(21)\qquad v_0^2 = 2gc^2(1 + \operatorname{tg}^2\varphi) = 2(gx_0 + h)$$

als fest auf allen Parabeln (17). — Um unter ihnen diejenige $\mathfrak{P}$ zu ermitteln, die auch durch 1 geht, genügt es, ihren Brennpunkt zu finden. Der Brennpunkt jeder Parabel (18) liegt auf dem Kreise $\mathfrak{K}_0$ um 0, der $\mathfrak{L}$ in 2 berührt. Der Brenn-

[1]) Vgl. G. Jäger, Theoretische Physik I, Slg. Göschen Bd. 76, 6. Aufl. 1930, S. 14.

punkt von $\mathfrak{P}$ liegt daher auch auf dem Kreise $\mathfrak{K}_1$ um 1, der $\mathfrak{L}$ in 3 berührt. Schneiden sich $\mathfrak{K}_0$ und $\mathfrak{K}_1$ in 4 und 5, so erhält man als Lösung *zwei* Parabeln $\mathfrak{P}_4$ und $\mathfrak{P}_5$ durch 0 und 1; die Gerade 01 ist das Mittellot von 45. Hält man 0 und $\mathfrak{P}_4$ fest und bewegt 1 auf $\mathfrak{P}_4$, so ändert sich 5; im besonderen fällt 5 mit 4, $\mathfrak{P}_5$ mit $\mathfrak{P}_4$ zusammen, wenn $\mathfrak{K}_0$ und $\mathfrak{K}_1$ sich in 4 berühren. Dann wird 1 zum sogenannten Grenzpunkte 6 auf $\mathfrak{P}_4$; man findet ihn als Schnittpunkt von 04 mit $\mathfrak{P}_4$. Der Ort der Grenzpunkte aller Parabeln (18) ist die Einhüllende $\mathfrak{H}$ dieser Schar. $\mathfrak{H}$ erweist sich als die *Parabel mit dem Brennpunkte* 0 *und der Scheiteltangente* $\mathfrak{L}$, die sogenannte Sicherheitsparabel. Wird nämlich $\mathfrak{L}$ in 7 von dem Kreise mit der Strecke $|64|$ um 6 berührt, so ist

$$|06| = |04| + |46| = |02| + |67|,$$

6 ist also in der Tat von 0 ebensoweit entfernt wie von der Parallelen zu $\mathfrak{L}$ im Abstande $|28| = |02|$. — Von der Bedeutung der Kurve $\mathfrak{H}$ für die Extremsaufgabe wird später (§ 23) die Rede sein.

Das Ergebnis über die zwischen 0 und 1 möglichen Extremalen läßt sich an Hand der Abb. 2 wie folgt aussprechen: Liegt 1 unterhalb $\mathfrak{H}$, so gibt es ihrer zwei; rückt 1 auf $\mathfrak{H}$, so rücken diese beiden in eine zusammen. Liegt 1 oberhalb $\mathfrak{H}$, so gibt es keine Parabel (18) von 0 nach 1.

b) wenn die wirkende Kraft nach einem festen Punkte O hin gerichtet ist und nur von dem Abstande r zwischen P und O abhängt.

Wählt man O zum Ursprunge eines Systems von Polarkoordinaten (r, φ) und setzt $U = R(r)$, so ist

$$\delta \int \sqrt{R+h}\,\sqrt{1+r^2p^2}\,dr = 0,\quad p = \frac{d\varphi}{dr}$$

zu setzen; aus (9.16) in der Form $f_\varphi - \dfrac{d}{dr} f_p = 0$ ergibt sich, da $f_\varphi = 0$, wie in (9.18)

$$f_p = \sqrt{R+h}\,\frac{r^2 p}{\sqrt{1+r^2p^2}} = c,\quad r^2\left[(R+h)r^2 - c^2\right]p^2 = c^2,$$

$$d\varphi = \frac{c\,dr}{r\sqrt{(R+h)r^2 - c^2}}, \quad (22) \quad \varphi = c\int \frac{dr}{r\sqrt{(R+h)r^2 - c^2}}.$$

Ein wichtiger Einzelfall ist $R = \varkappa m M r^{-1}$, wo $\varkappa$ einen Festwert und M die Masse von O bedeutet; diese Annahme Newtonscher[1]) Anziehung liefert in (22), wenn man h durch $\varkappa m M k$, c durch $c(\varkappa m M)^{\frac{1}{2}}$ ersetzt,

$$(23) \qquad \varphi = c\int \frac{dr}{r\sqrt{kr^2 + r - c^2}}$$

und weiter, wenn man $r = u^{-1}$, $r^{-1}dr = -u^{-1}du$ setzt,

$$\varphi = -c\int \frac{du}{\sqrt{k + u - c^2u^2}}$$

$$= -c\int \frac{du}{\sqrt{k + \frac{1}{4c^2} - c^2\left(u - \frac{1}{2c^2}\right)^2}} = -\int \frac{dv}{\sqrt{1 - v^2}}$$

für

$$v = \frac{2c^2}{\sqrt{1 + 4kc^2}}\left(u - \frac{1}{2c^2}\right).$$

Die Integration ergibt, wenn α einen Festwert bezeichnet,

$$v = \frac{2c^2}{\sqrt{1 + 4kc^2}}\left(\frac{1}{r} - \frac{1}{2c^2}\right) = \cos(\varphi - \alpha),$$

$$(24) \qquad r = \frac{2c^2}{1 + \sqrt{1 + 4kc^2}\cos(\varphi - \alpha)}.$$

Die Bahn des Punktes P ist also ein Kegelschnitt mit dem einen Brennpunkte in O, und zwar eine Ellipse, Parabel oder Hyperbel, je nachdem ob $k < 0$, $k = 0$ oder $k > 0$ ist[2]); alle Ellipsen z. B. haben die Länge $-k^{-1}$ der großen

[1]) I. Newton, 1643—1727.

[2]) und im ersten Falle $c^2 < -(4k)^{-1}$.

Achse gemein. — Die Frage der Bestimmung der Festwerte c, α bleibe hier unerörtert.

Beispiel 5. Zwischen zwei Punkten 0, 1 der Ebene γ die Kurve zu finden, die bei Drehung um eine Gerade $\mathfrak{g}$ von γ eine Fläche $\mathfrak{D}$ von folgender Art erzeugt: Wenn sie sich mit fester Geschwindigkeit v in der Richtung von $\mathfrak{g}$ durch eine Flüssigkeit bewegt, soll $\mathfrak{D}$ den *kleinsten Widerstand* erleiden.

Um die Aufgabe mathematisch zu fassen, nimmt man an, daß man den Normalwiderstand eines Elementes von $\mathfrak{D}$ erhält, indem man dessen Inhalt $d\omega$ mit einer bestimmten Funktion $\mathfrak{W}(u)$ des Betrages u der normalen Geschwindigkeitskomponente vervielfacht. Wenn $\mathfrak{g}$ die $(-x)$-Achse, ds ein Längenelement des Meridians $\mathfrak{d}$ von $\mathfrak{D}$ ist, so kann man $d\omega = y\,d\varphi\,ds$ setzen, wo φ den Drehwinkel bedeutet. Im Punkte $P_0(x, y, 0)$ von $\mathfrak{d}$ hat die Normale N zu $\mathfrak{d}$ die Richtungskosinus

$$\cos(N, x) = \frac{dy}{ds}, \quad \cos(N, y) = -\frac{dx}{ds}, \quad \text{sodaß} \quad u = v\frac{dy}{ds}$$

ist längs des Breitenkreises durch P_0. Dort erleidet ein Flächenelement den Normalwiderstand

$$\mathfrak{w}_N = \mathfrak{W}(u)\,d\omega = \mathfrak{W}\left(v\frac{dy}{ds}\right) y\,ds\,d\varphi.$$

Beim Übergange zu einem von zwei benachbarten Breitenkreisen begrenzten Gürtel $\mathfrak{G}$ nimmt man an, daß die auf $\mathfrak{g}$ senkrechten Bestandteile der $\mathfrak{w}_N$ sich gegenseitig aufheben; die übrig bleibenden, parallel zu $\mathfrak{g}$, summieren sich auf $\mathfrak{G}$ nach φ zu $2\pi y \mathfrak{W}\left(v\frac{dy}{ds}\right)\frac{dy}{ds}\,ds$, auf $\mathfrak{D}$ nach y zu

$$W = 2\pi \int y \mathfrak{W}\left(v\frac{dy}{ds}\right) dy.$$

Nun ist v fest, etwa eins, $dy/ds = p(1 + p^2)^{-\frac{1}{2}}$ und $dy = p\,dx$; mithin ist ein Integral der Form

$$(25)\qquad I = \int y g(p)\,dx, \quad g(p) = p\mathfrak{W}\left(\frac{p}{\sqrt{1+p^2}}\right)$$

zum Minimum zu machen. (9. 17) liefert

$$f - p f_p = y[g(p) - p g'(p)] = -a,$$

$$(26)\qquad y = -\frac{a}{g(p) - p g'(p)} = a h(p),$$

$$(27)\qquad x = \int \frac{dy}{p} = a \int \frac{h'(p)\,dp}{p};$$

x und y erscheinen als Funktionen des Parameters $t = p$. Für das Weitere beschränken wir uns auf die Newtonsche Annahme $\mathfrak{W}(u) = u^2$; dann handelt es sich nach (25) um das Integral

$$(28)\qquad I = \int \frac{y p^3}{1+p^2}\,dx.$$

(26) und (27) nehmen nach kurzer Rechnung die Form an

$$(29)\qquad y = \frac{a}{2}\,\frac{(1+p^2)^2}{p^3},$$

$$(30)\qquad x = \frac{a}{2}\left(\frac{3}{4p^4} + \frac{1}{p^2} + \log p\right) + b,$$

wo b fest ist. Über die Gestalt der Kurve $\mathfrak{d}$ (29), (30) für $a > 0$ (Abb. 3) besagen die leicht zu gewinnenden Gleichungen

$$(31)\qquad \frac{dx}{dp} = \frac{a(1+p^2)(p^2-3)}{2p^5},$$

$$(32)\qquad \frac{dy}{dp} = \frac{a(1+p^2)(p^2-3)}{2p^4},$$

$$(33)\qquad \frac{d^2y}{dx^2} = \frac{2p^5}{a(1+p^2)(p^2-3)}$$

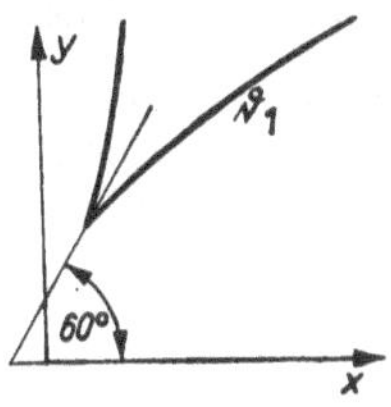

Abb. 3.

folgendes: Läßt man die nach (30) nur positiver Werte fähige Größe p von 0 bis $\sqrt{3}$ wachsen, so nehmen x und y

von $+\infty$ her beständig ab, und die Kurve kehrt der x-Achse die hohle Seite $\mathfrak{d}_1$ zu. Für $p = \sqrt{3}$ besitzt sie einen Rückkehrpunkt. Läßt man p von $\sqrt{3}$ bis ∞ wachsen, so nehmen x und y nach ∞ zu, und die Kurve wendet die erhabene Seite nach der x-Achse hin.

§ 11. Extreme im $N(>2)$-stufigen Raume

Es liegt nahe, die in § 5 gestellte Aufgabe wie folgt zu verallgemeinern: Man soll im *N-stufigen Raume* (§ 2) die Punkte B, C durch eine solche Kurve $\mathfrak{A}$ verbinden, daß, wenn $x'_i = dx_i/dt$ gesetzt wird für $i = 1, \ldots, N$, das Integral

$$(1) \qquad I_{BC} = \int_b^c F(x_1, \ldots, x_N, x'_1, \ldots, x'_N)\, dt$$

einen extremen Wert annimmt. Wir bezeichnen hier die Kurvenpunkte M, z. B. die den Werten $t = b$, $t = c$ entsprechenden Enden B, C, nicht durch Ziffern, weil diese den N Koordinaten von M als Fußmarken vorbehalten bleiben.

Was (1) betrifft, so erheben wir auch für dieses Integral die Forderung der Parameterinvarianz; aus dieser ergibt sich wie in § 5, daß die Grundfunktion, die wir kurz durch $F(x_i, x'_i)$ bezeichnen, in x'_i positiv homogen von erster Stufe ist,

$$(2) \qquad F(x_i, \varkappa x'_i) = \varkappa F(x_i, x'_i), \quad \varkappa > 0\,.$$

Die folgenden Formeln kürzen sich erheblich ab, wenn wir für § 11 und den ersten Teil des § 12 vereinbaren, daß über einen doppelt auftretenden Zeiger zu summieren, also $\varrho_i \sigma_i = \sum_i^{1,N} \varrho_i \sigma_i$ zu lesen ist. Leitet man (2) nach $\varkappa$ ab und setzt dann $\varkappa = 1$, so erhält man in dieser Schreibweise

$$(3) \qquad x'_i \frac{\partial F}{\partial x'_i} = F\,.$$

Um die Variation des Grundintegrals darzustellen, folgt man mit dem den Formeln (6. 1 usw.) entsprechenden Ansatze

$$\hat{x}_i = x_i + \alpha_i(t, \varepsilon), \quad \alpha_i(t, 0) = 0, \quad \delta x_i = d\varepsilon \frac{\partial \alpha_i(t, \varepsilon)}{\partial \varepsilon} \Big|^{\varepsilon = 0}$$

$(i = 1, \ldots, n)$ genau der Rechnung des § 6; es ergibt sich

$$(4) \qquad \delta I_{BC} = \frac{\partial F}{\partial x_i'} \delta x_i \Big|_B^C + \int_b^c P_i \, \delta x_i \, dt,$$

wo

$$(5) \qquad P_i = \frac{\partial F}{\partial x_i} - \frac{d}{dt} \frac{\partial F}{\partial x_i'} .$$

Werden B und C festgehalten, ist also

$$\delta x_i \,|^B = \delta x_i \,|^C = 0 \qquad (i = 1, \ldots, n),$$

so vereinfacht sich (4) zu

$$(6) \qquad \delta I_{BC} = \int_b^c P_i \, \delta x_i \, dt .$$

Fürs *Extrem* gilt $\delta I_{BC} = 0$; wenn man die willkürlichen Variationen δx_i alle gleich 0 setzt außer δx_1, bleibt

$$\int_b^c P_1 \delta x_1 dt = 0 .$$

Jetzt gestattet der Satz des § 7 den Schluß, daß $P_1 = 0$ ist längs $\mathfrak{A}$; da man entsprechend bei den Zeigern $2, \ldots, N$ verfahren kann, erhält man als notwendige Bedingung des Extrems

$$(7) \qquad P_1 = P_2 = \cdots = P_N = 0 .$$

Kurven, längs deren diese Differentialgleichungen gelten, heißen wieder *Extremalen.*

Die Gleichungen (7) sind nicht unabhängig voneinander; denn zwischen den Ausdrücken (5) besteht die *Identität*

$$(8) \qquad P_i x_i' = 0 .$$

Um sie zu beweisen, genügt es, von der Gleichung

$$F' = \frac{\partial F}{\partial x_i} x_i' + \frac{\partial F}{\partial x_i'} x_i''$$

die aus (3) folgende

$$F' = \frac{\partial F}{\partial x_i'} x_i'' + \left(\frac{d}{dt}\frac{\partial F}{\partial x_i'}\right) x_i'$$

abzuziehen.

§ 12. Kürzeste im Riemannschen Raume

Eine Aufgabe der in § 11 behandelten Art ist folgendes *Beispiel* 6: Zwischen zwei Punkten B, C eines Riemannschen[1]) Raumes V_N die kürzeste Verbindungslinie zu finden.

Da in V_N das Bogenelement durch

(1) $$ds^2 = g_{hj}\,dx_h\,dx_j \;{}^{2})$$

bestimmt ist, wo $g_{hj} = g_{jh}$ gegebene Funktionen der x_i sind, ist

(2) $$\delta \int_b^c \sqrt{g_{hj} x_h' x_j'}\, dt = 0$$

zu setzen. (11. 7), (11. 5) liefern

(3) $$\frac{1}{2}\left(g_{hj} x_h' x_j'\right)^{-\frac{1}{2}} \frac{\partial g_{kl}}{\partial x_i} x_k' x_l' - \frac{d}{dt}\left[\left(g_{hj} x_h' x_j'\right)^{-\frac{1}{2}} g_{ik} x_k'\right] = 0.$$

Führt man nunmehr die Bogenlänge s als Parameter ein, so folgt, weil nach (1)

$$g_{hj}\frac{dx_h}{ds}\frac{dx_j}{ds} = 1$$

ist,

(4) $$g_{ik}\frac{d^2 x_k}{ds^2} + \Gamma_{i,kl}\frac{dx_k}{ds}\frac{dx_l}{ds} = 0,$$

wo

---

[1]) B. Riemann, 1826—1866.

[2]) Die Zeiger h, j, k, l laufen wie i von 1 bis N.

$$\Gamma_{i,\,kl} = \frac{1}{2}\left(\frac{\partial g_{ik}}{\partial x_l} + \frac{\partial g_{il}}{\partial x_k} - \frac{\partial g_{kl}}{\partial x_i}\right)$$

die *Christoffel*schen[1]) Dreizeigergrößen sind.

Ist $g_{ik} = 1$ für $k = i$ und $g_{ik} = 0$ für $k \neq i$, sind also x_i Kartesische Koordinaten im Euklidischen Raume R_N, so lauten die Gleichungen (4)

$$\frac{d^2 x_i}{ds^2} = 0;$$

ihre Integration liefert mit den Festwerten a_i, A_i als Extremalen die Geraden des R_N

$$x_i = a_i s + A_i.$$

Den allgemeinen Fall *beliebiger* g_{ik} verfolgen wir weiter nur für $N = 2$. Wir setzen in der bei V_N gebrauchten Bezeichnung $x_1 = u, x_2 = v, g_{11} = E, g_{12} = g_{21} = F, g_{22} = G$ und verstehen unter X, Y, Z Kartesische Koordinaten in R_3. Die Aufgabe (2) bedeutet dann die Frage nach den kürzesten Linien $\mathfrak{k}$ auf einer Fläche

$$X = \varphi(u, v), \quad Y = \psi(u, v), \quad Z = \chi(u, v)$$

des R_3, auf der (1) die Gestalt hat

$$(5) \quad ds^2 = dX^2 + dY^2 + dZ^2 = E\,du^2 + 2F\,du\,dv + G\,dv^2;$$

dabei ist ersichtlich

$$(6) \quad E = \Sigma X_u^2, \qquad (7) \; F = \Sigma X_u X_v, \qquad (8) \; G = \Sigma X_v^2,$$

wo zur Abkürzung z. B. $X_u^2 + Y_u^2 + Z_u^2$ durch ΣX_u^2 ersetzt ist. Die erste der Gleichungen (3) lautet mit $t = s$ sodann

$$(9) \qquad 2\frac{d}{ds}\left(E\frac{du}{ds} + F\frac{dv}{ds}\right)$$
$$= E_u\left(\frac{du}{ds}\right)^2 + 2F_u\frac{du}{ds}\frac{dv}{ds} + G_u\left(\frac{dv}{ds}\right)^2;$$

entsprechend die zweite. Andererseits erhält man aus (6), (7) bzw. aus (7), (8)

[1]) E. B. Christoffel, 1829—1900.

$$(10) \qquad E\frac{du}{ds} + F\frac{dv}{ds} = \Sigma X_u \frac{dX}{ds},$$

$$(11) \qquad F\frac{du}{ds} + G\frac{dv}{ds} = \Sigma X_v \frac{dX}{ds}.$$

Leitet man z. B. (10) nach s ab, so findet man

$$\frac{d}{ds}\left(E\frac{du}{ds} + F\frac{dv}{ds}\right) = \Sigma X_u \frac{d^2X}{ds^2}$$

$$+\Sigma\left[X_{uu}X_u\left(\frac{du}{ds}\right)^2 + (X_{uu}X_v + X_{uv}X_u)\frac{du}{ds}\frac{dv}{ds} + X_{uv}X_v\left(\frac{dv}{ds}\right)^2\right]$$

und weiter, da sich aus (6), (7), (8)

$$E_u = 2\Sigma X_{uu}X_u, \quad F_u = \Sigma(X_{uu}X_v + X_{uv}X_u), \quad G_u = 2\Sigma X_{uv}X_v$$

ergibt,

$$2\frac{d}{ds}\left(E\frac{du}{ds} + F\frac{dv}{ds}\right) = 2\Sigma X_u \frac{d^2X}{ds^2} + E_u\left(\frac{du}{ds}\right)^2 + 2F_u\frac{du}{ds}\frac{dv}{ds} + G_u\left(\frac{dv}{ds}\right)^2.$$

Der Vergleich mit (9) liefert

$$(12) \quad \Sigma X_u \frac{d^2X}{ds^2} = 0; \qquad (13) \quad \Sigma X_v \frac{d^2X}{ds^2} = 0$$

wird entsprechend hergeleitet. Aus (12), (13) folgt

$$(14) \qquad \frac{d^2X}{ds^2} : \frac{d^2Y}{ds^2} : \frac{d^2Z}{ds^2} = \xi : \eta : \zeta,$$

wo ξ, η, ζ die Funktionaldeterminanten

$$(15) \quad \xi = \frac{\partial(Y, Z)}{\partial(u, v)}, \quad \eta = \frac{\partial(Z, X)}{\partial(u, v)}, \quad \zeta = \frac{\partial(X, Y)}{\partial(u, v)}$$

bedeuten, deren gleichzeitiges Verschwinden wir ausschließen. Nun verhalten sich ξ, η, ζ wie die Richtungskosinus der Flächennormale, ferner d^2X/ds^2 usw. wie die der Hauptnormale von $\mathfrak{k}$; daher besagt (14), daß *in jedem Punkte einer Kürzesten deren Hauptnormale mit der Flächennormale zusammenfällt.*

Selbstverständlich hätte es zu dieser Behandlung unserer Aufgabe

$$(16) \qquad \delta \int \sqrt{Eu'^2 + 2Fu'v' + Gv'^2}\, dt = 0$$

genügt, § 8 (wo $N = 2$) heranzuziehen.

§ 13. Der Einbettungssatz

Bei der Aufstellung *hinreichender* Bedingungen, zu der wir jetzt übergehen, leistet wesentliche Dienste die Weierstraßsche Konstruktion (§ 14), bei der es darauf ankommt, daß durch jeden Punkt eines gewissen Gebietes genau eine Extremale gezogen werden kann. Solche Fragen betrifft ein auch später nützlicher Satz, der allgemein von der einfachen Bedeckung geeigneter Gebiete des R_{n+1} durch gewisse Kurvenscharen handelt. Da er mehr der Analysis im allgemeinen als der Variationsrechnung im besonderen angehört, so bleibe sein auf S. 36—41 der Erstauflage dieses Bändchens ausgeführter Beweis hier weg, zumal man die Aussage anschaulich einsehen kann (s. u.). Um sie zu erhalten, gehe man von einem Kurvenbogen

$$(1) \quad X_h = \xi_h(t, \alpha_1, \ldots, \alpha_n), \quad h = 1, \ldots, n+1,$$

$$(2) \qquad t_0 \leqq t \leqq t_1$$

und seinen Nachbarn

$$(3) \qquad x_h = \xi_h(t, a_1, \ldots, a_n)$$

aus; indem man unter σ und $\mathfrak{a}$ beliebig kleine positive Festwerte verstehe, betrachte man die Schar (3), zu der (1) für $a_m = \alpha_m$, $m = 1, \ldots, n$ gehört, in dem Gebiete

$$(4) \quad t_0 - \sigma \leqq t \leqq t_1 + \sigma, \qquad (5) \quad |\, a_m - \alpha_m \,| < \mathfrak{a}.$$

(1) schneide sich selbst nicht, auch nicht im erweiterten Bereiche (4). Man nehme an, daß in (4), (5) die Größen (3) reguläre Funktionen ihrer Unabhängigen seien; *ferner sei* dort

$$(6)\qquad \Delta(t, a_1, \ldots, a_n) = \frac{\partial(\xi_1, \xi_2, \ldots, \xi_{n+1})}{\partial(t, a_1, \ldots, a_n)} \neq 0.$$

Dann besagt der sogenannte *Einbettungssatz* folgendes: *Wählt man den positiven Festwert β hinreichend klein, so wird das Gebiet*

$$(7)\qquad |x_h - X_h| < \beta, \qquad (8)\quad t_0 \leqq t \leqq t_1$$

von den Kurven (3) *genau einfach bedeckt.*

Wie erwähnt, läßt er sich der Anschauung nahebringen (wobei eine unstrenge Ausdrucksweise gestattet sei): Unter der Bedingung (6) haben die beim Schnitt einer Kurve (3) mit einer Nachbarin geforderten Gleichungen

$$(9)\qquad \frac{\partial \xi_h}{\partial t}\, dt + \sum_m^{1,n} \frac{\partial \xi_h}{\partial a_m}\, da_m = 0 \quad (h = 1, \ldots, n+1)$$

nur die Lösung $dt = da_m = 0$ $(m = 1, \ldots, n)$; es kommt also kein Schnitt zustande.

§ 14. Die Weierstraßsche Konstruktion

Hinreichende Bedingungen dafür, daß bei der Aufgabe (5. 3) das längs der Extremale $\mathfrak{E}$ gebildete Integral $\bar{I}_{01}$ z. B. ein Minimum vorstelle, werden von der Art sein müssen, daß sie dem Unterschiede

$$(1)\qquad \mathfrak{D} = I_{01} - \bar{I}_{01}$$

das positive Zeichen verbürgen, wenn I_{01} das längs einer Vergleichskurve $\mathfrak{V}$ gebildete Integral ist. Als *Vergleichskurven*[1]) lassen wir zusammenhängende Kurven $\mathfrak{V}$ durch 0 und 1 zu, die, einer gewissen Umgebung von $\mathfrak{E}$ angehörig, aus einer endlichen Zahl regulärer (§ 5) Bögen bestehen. Eine zweckmäßige Darstellung der Größe (1) ergibt sich an Hand

[1]) Vgl. die vorbereitende Bemerkung im Anschluß an (5. 3).

der *Weierstraßschen Konstruktion*[1]); diese wird durch Abb. 4 veranschaulicht, in der, wie öfter auch künftig, die Extremalen durch gerade Linien angedeutet sind. Um dem Punkte 0 nicht eine Ausnahmestellung zuzuweisen, führen wir auf $\mathfrak{E}$ einen Punkt 2 so ein, daß $t_2 < t_0 < t_1$ ist; 2 darf beliebig nahe bei 0 liegen. 3 durchlaufe $\mathfrak{B}$, abhängig von einem Parameter τ, der dabei von τ_0 nach τ_1 geht. Bei passenden Voraussetzungen (Jacobische Bedingung des § 15) läßt sich aus § 13 schließen, daß es in der Schar der Extremalen durch 2 genau eine gibt, die durch 3 geht. Mit diesen Hilfsmitteln kann man, indem man auch weiterhin die Integration längs einer Extremalen durch einen Querstrich bezeichnet, $\mathfrak{D}$ als den Unterschied der Werte darstellen, die die Funktion von τ

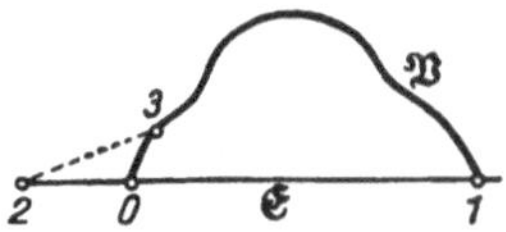

Abb. 4.

$$W = I_{03} - \bar{I}_{23} \tag{2}$$

für $\tau = \tau_1$ und $\tau = \tau_0$ annimmt; denn es ist

$$W\Big|_0^1 = \int_{\tau_0}^{\tau_1} \frac{dW}{d\tau}\, d\tau = I_{01} - \bar{I}_{21} + \bar{I}_{20} = I_{01} - \bar{I}_{01} = \mathfrak{D}. \tag{3}$$

Das Vorzeichen von $\mathfrak{D}$ läßt sich also durch dasjenige der Größe $dW/d\tau$ sichern; von diesem handelt die Weierstraßsche Bedingung (§ 16). Damit ist der Grundgedanke zur Aufstellung hinreichender Bedingungen ausgesprochen; er wird jetzt näher ausgeführt.

§ 15. Die Jacobische Bedingung

Man benutze den Inhalt des § 13 in folgendem Sonderfalle: Es sei $n = 1$, $\mathfrak{E}$ ein sich selbst nicht schneidender Extremalenbogen (§ 14), eingebettet in eine einfache Schar $\mathfrak{e}$ ebensolcher Bögen,

---

[1]) K. Weierstraß, 1815—1897.

$$(1) \quad x = \xi(t, a), \; y = \eta(t, a), \; t_0 - \sigma \leqq t \leqq t_1 + \sigma$$
$$[\sigma > 0 \text{ beliebig klein}],$$

die wie $\mathfrak{E}$ alle durch 2 gehen[1]), wo man $t_2 < t_0 - \sigma$ annehmen darf. $\mathfrak{E}$ ist mit dem Werte $a = a_0$ Mitglied von $\mathfrak{e}$,

$$(2) \qquad x = \xi(t, a_0), \qquad y = \eta(t, a_0).$$

$\mathfrak{e}$ wird durch eine Vorschrift

$$(3) \qquad |a - a_0| < \alpha \text{ mit } \alpha > 0$$

eingeschränkt; ξ, η und die Bögen (1) seien in $[t_2, t_1 + \sigma]$ und (3) regulär. Ferner gelte auf $[t_0 t_1]$ die sog. *Jacobische Bedingung*

$$(4) \qquad \Delta(t, a_0) = \frac{\partial(\xi, \eta)}{\partial(t, a)}\Bigg|^{a=a_0} \neq 0;$$

dann ist bei hinreichend kleinen α, σ auch die Voraussetzung des Einbettungssatzes [(13. 6), dort $n = 1$]

$$(5) \qquad \Delta(t, a) = \frac{\partial(\xi, \eta)}{\partial(t, a)} \neq 0$$

erfüllt. Bei dieser Beschaffenheit heiße $\mathfrak{e}$ ein *Feld* von Extremalen. Die Feldkurven bedecken nach § 13 genau einfach ein Gebiet (13. 7)

$$(6) \quad |x - \xi(t, a_0)| < \beta, \; |y - \eta(t, a_0)| < \beta, \; t_0 \leqq t \leqq t_1,$$

wo $\beta > 0$ ein hinreichend kleiner Wert ist. Ist $\mathfrak{V}$ eine in (6) verlaufende Vergleichskurve (§ 14), so ist die Weierstraßsche Konstruktion ausführbar, nämlich die Verbindung jedes Punktes 3 von $\mathfrak{V}$ mit 2 durch eine Extremale von $\mathfrak{e}$.

Der Punkt 2 hat insofern eine *Besonderheit*, als

$$(7) \qquad \Delta(t_2, a) = 0$$

ist. Beweis: Der Wert von t_2 wird auf den Kurven (1) von a abhängen gemäß den Gleichungen

$$(8) \quad x_2 - \xi(t_2, a) = 0, \qquad (9) \quad y_2 - \eta(t_2, a) = 0.$$

---

[1]) Diese Forderung greift aus der zweifachen Schar (8. 7) die einfache (1) heraus; in Einzelaufgaben kann man sie oft erfüllen (vgl. § 10, Beisp. 1, 4a), und damit $\mathfrak{E}$ einbetten.

Von diesen kann man, da nach (5. 2) die Größen ξ_t, η_t längs der Kurven (1) nicht gleichzeitig verschwinden, mindestens eine nach t_2 als regulärer Funktion von a auflösen[1]). Die Gleichungen (8), (9) lassen sich nach a ableiten mit dem Ergebnisse

$$(10) \qquad \xi_t(t_2, a)\frac{dt_2}{da} + \xi_a(t_2, a) = 0,$$

$$(11) \qquad \eta_t(t_2, a)\frac{dt_2}{da} + \eta_a(t_2, a) = 0,$$

und aus (10), (11) folgt (7). — Der Punkt 0 hat nicht eine solche Ausnahmestellung (§ 14); nach (4) ist ja $\Delta(t_0, a_0) \neq 0$.

Man kann die Jacobische Bedingung anders fassen, wenn man folgenden neuen Begriff einführt. Auf $\mathfrak{E}$ verschwinde in der Richtung 201 die Größe (4) nach dem Punkte 2 zum ersten Male wieder in 4; dann nennen wir die Punkte 2 und 4 *konjugiert*[2]). Auf dem Extremalenbogen $\mathfrak{E}_{01}$ ist die Jacobische Bedingung sicher erfüllt, wenn er auf $\mathfrak{E}$ zwischen zwei konjugierten Punkten liegt (ohne daß seine Enden in diese fallen).

§ 16. Die Weierstraßsche Bedingung

An (14. 3) anknüpfend, berechnen wir jetzt die Größe $dW/d\tau = \dot{W}$, indem wir Ableitungen nach τ durch Punkte andeuten. Für ihren Minuenden $\dot{I}_{03}$ ergibt sich

$$(1) \quad \dot{I}_{03} = \frac{d}{d\tau_3}\int_{\tau_0}^{\tau_3} F(x, y, \dot{x}, \dot{y})\, d\tau = F(x, y, \dot{x}, \dot{y})\,|^3.$$

Was den Subtrahenden betrifft, so betrachten wir das Integral

$$(2) \qquad \bar{I}_{23} = \int_{t_2}^{t_3} F(\xi, \eta, \xi_t, \eta_t)\, dt$$

---

[1]) Vgl. A. Witting, Differentialrechnung, Slg. Göschen Bd. 87, 1949, S. 74.

[2]) Zu dieser Namengebung bedürfte es des — hier wegbleibenden — Nachweises, daß, wenn 4 der vordere zu 2 konjugierte Punkt im obigen Sinne ist, dann 2 der rückwärtige zu 4 ist.

als abhängig vom Orte 3, d. h. als Funktion von x_3 und y_3; als solche ist $\bar{I}_{23}$ regulär. Denn zufolge den Beziehungen (15. 1), (15. 5)

$$x_3 = \xi(t_3, a), \quad y_3 = \eta(t_3, a), \quad \Delta(t_3, a) \neq 0$$

gilt dies von der oberen Grenze t_3 des Integrals (2) und von a. und nach (15. 8), (15. 9) von der unteren Grenze t_2. Im Felde sind ξ_t, η_t stetige Ortsfunktionen, — reguläre, wenn sie in bezug auf t_3 und a regulär sind.

Indem man in (3.1) $\mathfrak{p} = 2$, $\varepsilon_1 = x - x_3$, $\varepsilon_2 = y - y_3$, also

$$\delta = dx \frac{\partial}{\partial x} + dy \frac{\partial}{\partial y}$$

setzt, erhält man nach (6. 6), (6. 20), (6. 26), (6. 27)

$$\text{(3)} \qquad \delta \bar{I}_{23} = F_{x'} \delta x + F_{y'} \delta y \,|^3;$$

längs $\mathfrak{B}$ sind x und y Funktionen von τ, daher wird

$$\text{(4)} \qquad \frac{d\bar{I}_{23}}{d\tau_3} = F_{x'}(x, y, x', y')\,\dot{x} + F_{y'}(x, y, x', y')\,\dot{y} \,|^3.$$

Aus (1) und (4) folgt, wenn man den Zeiger 3 unterdrückt,

$$\text{(5)} \qquad \frac{dW}{d\tau} = \frac{dI_{03}}{d\tau} - \frac{d\bar{I}_{23}}{d\tau} = \mathcal{E}(x, y, x', y', \dot{x}, \dot{y}),$$

wobei die *Weierstraßsche $\mathcal{E}$-Funktion* den Ausdruck

$$\text{(6)} \qquad \mathcal{E}(x, y, x', y', \dot{x}, \dot{y})$$
$$= F(x, y, \dot{x}, \dot{y}) - \dot{x} F_{x'}(x, y, x', y') - \dot{y} F_{y'}(x, y, x', y')$$

bedeutet. Wir wiederholen, daß darin x, y die Koordinaten von 3 sind, die wir als ständig auftretende Veränderliche künftig oft unbezeichnet lassen; in 3 beziehen sich x', y' auf $\mathfrak{E}_{23}$, $\dot{x}, \dot{y}$ auf $\mathfrak{B}$. Nach (5) stellt sich $\mathfrak{D}$ (14.3) endgültig in der Form dar

$$\text{(7)} \qquad \mathfrak{D} = \int_{\tau_0}^{\tau_1} \mathcal{E}(x, y, x', y', \dot{x}, \dot{y})\, d\tau\,.$$

Die Integrierbarkeit von $\mathcal{E}$ längs $\mathfrak{B}$ wird auch dort nicht gefährdet, wo zwei verschiedene reguläre Stücke von $\mathfrak{B}$

zusammenstoßen; denn an diesen in endlicher Zahl vorhandenen Stellen sind allenfalls endliche Sprünge von $\mathcal{E}$ möglich. — Nach (7) tritt das Extrem ein, wenn für die Kurven $\mathfrak{B}$ das Integral

$$\int_{\tau_0}^{\tau_1} \mathcal{E}\, d\tau \neq 0 \tag{8}$$

von festem Vorzeichen ist. Wir können das Ergebnis der §§ 14—16 so zusammenfassen: *Für das Extrem des Integrals* $\bar{I}_{01}$ *reicht es hin, daß die Jacobische Bedingung* (15. 4) *und die Weierstraßsche Bedingung* (8) *erfüllt seien.*

Um (8) handlicher zu machen, bemerken wir, daß bei dieser Bedingung die Frage des Verschwindens von $\mathcal{E}$ wichtig ist. Nach (6), (5. 5), (5. 6) ist $\mathcal{E}$ gewiß null, wenn die Vektoren (x', y') und $(\dot{x}, \dot{y})$ gleiche Richtung haben, also

$$\dot{x} = \mu x', \dot{y} = \mu y', \mu > 0 \tag{9}$$

ist. Man bezeichnet dies als das *ordentliche* Verschwinden von $\mathcal{E}$; jedes andere Verschwinden dieser Größe nennt man *außerordentlich.* Ausdrücklich sei bemerkt, daß $\mathcal{E}$ bei entgegengesetzter Richtung obiger Vektoren ($\mu < 0$) keineswegs zu verschwinden braucht; denn (5. 5) braucht ja für $\mu < 0$ nicht zu gelten.

Zu (7) zurückkehrend, erkennen wir (8) als erfüllt, wenn $\mathcal{E}$ auf $\mathfrak{B}$ das Vorzeichen nicht wechselt und nicht längs der ganzen Kurve $\mathfrak{B}$ verschwindet. Es genügt indessen, vorauszusetzen, daß $\mathcal{E}$ dort nicht außerordentlich verschwinde. Denn verschwände $\mathcal{E}$ auf $\mathfrak{B}$ überall ordentlich, so fiele, wie wir jetzt zeigen, $\mathfrak{B}$ mit $\mathfrak{E}_{01}$ zusammen. Dann wäre nämlich nach (9)

$$\begin{aligned} 0 = \dot{x}y' - \dot{y}x' &= (\xi_t \dot{t} + \xi_a \dot{a})\, \eta_t - (\eta_t \dot{t} + \eta_a \dot{a})\, \xi_t \\ &= -\Delta\,(t, a)\, \dot{a}, \end{aligned}$$

also, wenn (15. 5) als gültig vorausgesetzt wird, $\dot{a} = 0$; a hinge also von τ nicht ab. Da $a = a_0$ ist für $\tau = \tau_0$, so wäre auf $\mathfrak{B}$ ständig $a = a_0$, mithin läge in der Tat jeder Punkt von $\mathfrak{B}$ auf $\mathfrak{E}_{01}$.

Die *hinreichenden Bedingungen* lassen sich daher auch in der folgenden für die Anwendung bequemen Gestalt aussprechen: *Die Extremale $\mathfrak{E}$ liefert ein Extrem des Integrals I, wenn $\mathfrak{E}$ zwischen zwei konjugierten Punkten verläuft*[1]), *und wenn $\mathcal{E}$ auf den Kurven $\mathfrak{B}$ sein Vorzeichen nicht wechselt und auf ihnen nur in ordentlicher Weise verschwindet. I wird ein Minimum oder Maximum, je nachdem, ob $\mathcal{E} > 0$ oder $\mathcal{E} < 0$ ist*[2]).

Wir vermerken hier im Anschluß an § 9 noch die Formel, die sich für $\mathcal{E}$ ergibt, wenn man $t = x$ setzt. Deutet man mit $\hat{p}$ usw. die für $\mathfrak{B}$ gebildeten Größen an, so erhält man nach (9. 4), (9. 9), (9. 10) aus (6)

$$(10) \qquad \mathcal{E} = \dot{x}\hat{f} - \dot{x}(f - p f_p) - \dot{x}\hat{p} f_p$$
$$= \dot{x}\,[f(x, y, \hat{p}) - f(x, y, p) - (\hat{p} - p)\, f_p(x, y, p)].$$

§ 17. Beispiele

Die *Beispiele* 1, 2, 3, 4 des § 10 sind von der Form

$$(1) \qquad \delta \int G(x, y) \sqrt{x'^2 + y'^2}\, dt = 0^{3)}, \; G(x, y) > 0.$$

Der zugehörige Wert der $\mathcal{E}$-Funktion ist nach (16. 6)

$$\mathcal{E} = G(x, y) \sqrt{\dot{x}^2 + \dot{y}^2} \left(1 - \frac{x'\dot{x} + y'\dot{y}}{\sqrt{x'^2 + y'^2}\sqrt{\dot{x}^2 + \dot{y}^2}}\right),$$

$$(2) \qquad \mathcal{E} = G(x, y) \sqrt{\dot{x}^2 + \dot{y}^2}\,(1 - \cos\chi),$$

wo χ den hohlen Winkel der Vektoren (x', y'), $(\dot{x}, \dot{y})$ bedeutet. $\mathcal{E}$ kann also nur für $\cos\chi = 1$, d. h. nur ordentlich verschwinden; die Weierstraßsche Bedingung ist *im Felde* erfüllt. Daher handelt es sich nur noch um die Jacobische Bedingung; es genügt, die Möglichkeit der Weierstraßschen Konstruktion festzustellen. Wir beschränken uns dabei auf die beiden einfachsten der genannten Aufgaben.

---

[1]) im Sinne des letzten Absatzes in § 15.
[2]) S. dazu § 19, Abs. 1.
[3]) mit positiver Wurzel im Integranden.

Beispiel 1. Die Weierstraßsche Konstruktion ist immer möglich; die Geraden durch den Punkt 2, der auf der Geraden 01 vor 0 (§ 14) beliebig nahe an 0 liegt, bedecken einfach jede den Punkt 2 ausschließende Nachbarschaft der Strecke 01. Daher ist diese die kürzeste Linie zwischen 0 und 1. Man kann die Jacobische Bedingung sehr leicht auch nach*rechnen*: Die Schar der Geraden durch 2 hat die Form

$$x = x_2 + t\cos a = \xi(t, a), \quad y = y_2 + t\sin a = \eta(t, a),$$

wenn a die Neigung einer solchen ist; nach (15. 5) ist daher

$$\Delta(t, a) = t\cos^2 a + t\sin^2 a = t,$$

und diese Größe verschwindet nur für $t = 0$.

Beispiel 4, a). Fällt der Parabelbogen $0'1'$ ganz in das Innere des Parabelbogens 06, so erhellt aus § 10, daß $0'1'$ eine Nachbarschaft (13. 7) besitzt, die von gewissen Parabeln (10. 18)[1]) einfach bedeckt wird. Für jede in ihr verlaufende Kurve $\mathfrak{B}$ ist die Weierstraßsche Konstruktion ausführbar, die Parabel $0'1'$ liefert dort die kleinste Wirkung.

Man vermutet und bestätigt rechnerisch leicht, daß 6 auf 01 der zu 0 konjugierte Punkt (§ 15) ist. Wenn man nämlich in (10. 18) die Größe y als Parameter t einführt, so wird (15. 5)

$$\Delta = -\frac{\partial x}{\partial \varphi} = \frac{y - y_0}{\cos^2\varphi}\left[\frac{g}{v_0^2}\operatorname{tg}\varphi\,(y - y_0) - 1\right].$$

Setzt man $\Delta = 0$, so erhält man für den konjugierten Punkt

$$(3)\quad y = y_0 + \frac{v_0^2}{g}\operatorname{ctg}\varphi, \qquad (4)\quad x = x_0 + \frac{v_0^2}{2g}\,\frac{\cos 2\varphi}{\sin^2\varphi},$$

(4) aus (10. 18). Der Punkt (3), (4) liegt in der Tat auf der Geraden 04, da 4 als Brennpunkt von (10. 18) die Koordinaten

$$x_4 = x_0 + \frac{v_0^2}{2g}\cos 2\varphi, \qquad y_4 = y_0 + \frac{v_0^2}{2g}\sin 2\varphi$$

und daher 04 die Gleichung

---

[1]) nämlich von denen, auf welchen sich φ hinlänglich wenig vom Werte dieser Größe auf $\mathfrak{P}_4$ unterscheidet (13. 5).

$$y - y_0 = (x - x_0) \operatorname{tg} 2\varphi$$

hat. — Auf die hier aus der Geometrie der Parabeln (10. 18) gefolgerte Eigenschaft der Hülle, Grenze des Feldes zu sein, kommen wir in § 23 allgemein zurück.

§ 18. Beziehung zwischen $\mathcal{E}$ und F_1

Bei einer in § 19 vorzunehmenden Verengerung des Extremsbegriffes bedient man sich einer Beziehung zwischen $\mathcal{E}$ und F_1 (5. 13), die man auf folgende Weise gewinnt. Man kann die Größe (16. 6) nach (5. 6) schreiben

$$\mathcal{E} = F(\dot{x}, \dot{y}) - F(x', y') \\ - (\dot{x} - x') F_{x'}(x', y') - (\dot{y} - y') F_{y'}(x', y').$$

Sie ist hiernach der Rest in der Taylorschen Entwicklung des Ausdrucks $F(\dot{x}, \dot{y})$ nach Potenzen von $\dot{x} - x'$, $\dot{y} - y'$, der verbleibt, wenn man nach den linearen Gliedern abbricht; nach der bekannten[1]) Restformel kann man ihr also die Form geben

$$(1) \qquad \mathcal{E} = \tfrac{1}{2}[(\dot{x} - x')^2 F_{x'x'}(x^*, y^*) \\ + 2(\dot{x} - x')(\dot{y} - y') F_{x'y'}(x^*, y^*) + (\dot{y} - y')^2 F_{y'y'}(x^*, y^*)],$$

$$(2) \quad x^* = (1 - \vartheta) x' + \vartheta \dot{x}, \quad y^* = (1 - \vartheta) y' + \vartheta \dot{y}, \\ 0 < \vartheta < 1.$$

Aus (1) erhält man nach (5. 13)

$$\mathcal{E} = \tfrac{1}{2} F_1(x^*, y^*) \begin{vmatrix} \dot{x} - x' & x^* \\ \dot{y} - y' & y^* \end{vmatrix}^2,$$

und hieraus nach (2) durch einfachste Umformungen der rechts auftretenden Determinante

$$(3) \qquad \mathcal{E} = \tfrac{1}{2} F_1(x^*, y^*) \begin{vmatrix} \dot{x} & x' \\ \dot{y} & y' \end{vmatrix}^2.$$

Wenn also $\mathcal{E}$ nicht verschwindet, hat diese Größe dasselbe Vorzeichen wie $F_1(x^*, y^*)$, in einem Regularitätsgebiet $\mathfrak{R}$

---

[1]) Vgl. A. Witting, Differentialrechnung, Slg. Göschen Bd. 87, 1949, S. 99.

eines Variationsproblems[1]) also ein festes: in $\mathfrak{R}$ kann $\mathcal{E}$ nur ordentlich verschwinden. Beispiele: Zu (17. 1) gehört $F_1 = G(x, y)(x'^2 + y'^2)^{-\frac{3}{2}} > 0$. — Für $t = x$ erhält man entsprechend aus (16. 10)

$$(4) \qquad \mathcal{E} = \tfrac{1}{2}\,\dot{x}(\hat{p} - p)^2 f_{pp}(x, y, p^*),$$

wo p^* einen zwischen p und $\hat{p}$ gelegenen Wert bezeichnet.

§ 19. Starke und schwache Extreme

Wenn $\mathfrak{E} = \mathfrak{E}_{01}$ ein Extrem des Integrals I darbietet gegenüber allen Kurven $\mathfrak{B}$, die in der Umgebung (13. 7) von $\mathfrak{E}$

$$(1) \qquad |x - X| < \beta, \qquad |y - Y| < \beta$$

verlaufen, so spricht man von einem *starken* Extrem. Ein solches sichern die Bedingungen im vorletzten Absatz des § 16. Die beiden Extreme des § 17 sind stark. Die Tatsache, daß bei andern Beispielen die Größe $\mathcal{E}$ auch *außerordentlich* (§ 16) verschwinden kann, legt es nahe, außer der *weiteren Nachbarschaft* (1) von $\mathfrak{E}$ noch eine *engere* u zu betrachten. Man sagt, daß $\mathfrak{B}$ in einer solchen verlaufe, wenn es zu jedem Punkte (x, y) von $\mathfrak{B}$ einen solchen (X, Y) von $\mathfrak{E}$ gibt, daß nicht nur (1) gilt, sondern daß auch die in ihnen an $\mathfrak{E}$ und $\mathfrak{B}$ nach wachsenden t und τ gezogenen Tangenten einen Winkel bilden, der kleiner als der positive Festwert γ ist. Wenn $\mathfrak{E}$ das Extrem des Integrals I nur gegenüber den Kurven dieser engeren Nachbarschaft bewirkt, so nennt man dieses Extrem *schwach*.

Auch die durch den Punkt (x, y) gehende Extremale $\mathfrak{E}_{23}$ der Weierstraßschen Konstruktion (§ 14) bildet mit $\mathfrak{E}$ in dem nach (1) zugehörigen Punkte (X, Y) bei passender Wahl von γ einen beliebig kleinen Winkel. Dies folgt aus der Stetigkeit der Größen $x'(x'^2 + y'^2)^{-\frac{1}{2}}, y'(x'^2 + y'^2)^{-\frac{1}{2}}$ in (1), die durch die an (16. 2) geknüpfte Bemerkung über $\xi_t = x', \eta_t = y'$ und durch (5. 2) gesichert ist. — Da der Vektor (18. 2) in den hohlen Winkel der beiden Vektoren (x', y'), $(\dot{x}, \dot{y})$ hineinragt, so ist auch (x^*, y^*) gegen den Tangentenvektor (X', Y')

[1]) erklärt am Ende des § 5.

von $\mathfrak{E}$ beliebig wenig geneigt. In $\mathfrak{u}$ gestattet es die Formel (18. 3), aus einer für die stetige Funktion F_1 längs $\mathfrak{E}$ geltenden Voraussetzung auf das Zeichen von $\mathcal{E}$ zu schließen. Nehmen wir nämlich auf $\mathfrak{E}$ etwa die *Legendresche Bedingung*[1])

$$(2) \qquad F_1(X, Y, X', Y') \neq 0$$

als erfüllt an, so ist bei hinreichend kleinen β, γ auch $F_1(x^*, y^*) \neq 0$ und desselben Zeichens wie $F_1(X', Y')$[2]); auf Kurven $\mathfrak{B}$, die in $\mathfrak{u}$ verlaufen, kann also $\mathcal{E}$ (18. 3) wiederum nur ordentlich verschwinden, auch wenn dieser Größe im übrigen ein außerordentliches Verschwinden möglich ist. Aus den hinreichenden Bedingungen des § 16 schließen wir jetzt: *Die Extremale $\mathfrak{E}$ liefert ein schwaches Extrem des Integrals 1, wenn längs ihrer die Jacobische Bedingung* (15. 4) *und die Legendresche Bedingung* (2) *gelten.*

§ 20. Ein Beispiel

Beim *Beispiel* 5 (10. 28) hat man in (16. 10) zu setzen

$$f(x, y, p) = y\,\frac{p^3}{1+p^2}, \qquad f_p(y, p) = y\,\frac{p^2(p^2+3)}{(1+p^2)^2}.$$

Daher ist im Felde (s. u., Jacobische Bedingung)

$$\hat{f} - f = y(\hat{p} - p)\,\frac{\hat{p}^2 + \hat{p}\,p + p^2 + \hat{p}^2 p^2}{(1+\hat{p}^2)(1+p^2)},$$

$$\mathcal{E} = \dot{x}\,y(\hat{p} - p)\,\frac{\hat{p}^2 + \hat{p}\,p - 2p^2 - \hat{p}^2 p^2 + \hat{p}\,p^3}{(1+\hat{p}^2)(1+p^2)^2}$$

$$= \dot{x}\,y(\hat{p} - p)^2\,\frac{\hat{p} + 2p - \hat{p}\,p^2}{(1+\hat{p}^2)(1+p^2)^2}.$$

Setzt man also $p = \operatorname{tg}\theta$, $\hat{p} = \operatorname{tg}\hat{\theta}$ und bedenkt, daß

$$1 - \operatorname{tg}^2\theta = \frac{\cos 2\theta}{\cos^2\theta}, \quad \dot{x} = \cos\hat{\theta}\,\sqrt{\dot{x}^2 + \dot{y}^2}$$

---

[1]) A. M. Legendre, 1752—1833.

[2]) Denn setzt man $x^* = \mu\,(X' + m)$, $y^* = \mu(Y' + n)$ mit $\mu > 0$ und kleinen m, n, so ist $F_1(x^*, y^*) = \mu^{-3}F_1(X' + m, Y' + n)$ nach (5. 14).

ist, so erhält man

$$(1) \qquad \mathcal{E} = y\sqrt{\dot{x}^2 + \dot{y}^2}\,\sin^2(\hat{\theta} - \theta)\sin(\hat{\theta} + 2\theta).$$

Wegen des letzten Faktors kann $\mathcal{E}$ auch außerordentlich verschwinden. Die Legendresche Bedingung aber ist auf $\mathfrak{d}_1$ fürs Minimum erfüllt; denn die Größe (19. 2), die nach (9. 12) den Wert

$$(2) \qquad F_1 = 2yp\,\frac{3 - p^2}{(1 + p^2)^3}$$

hat, ist dort positiv, weil $y > 0$, $0 < p < \sqrt{3}$ ist.

Die Jacobische Bedingung verfolgen wir eine Weile mit dem allgemeinen Ansatze (10. 25). Dazu brauchen wir die Schar $\mathfrak{e}$ der Extremalen durch 2. Da sich $a = y_2 h(p_2)^{-1}$ ergibt, lauten die Gleichungen von $\mathfrak{e}$ nach (10. 26), (10. 27)

$$x = \frac{y_2}{h(p_2)}\int\limits_{p_2}^{p}\frac{h'(q)}{q}\,dq + x_2, \quad y = \frac{y_2}{h(p_2)}\,h(p);$$

dabei ist $y_2 > 0$, $\mathfrak{p} < p_2 < p < \mathfrak{P}$ mit passenden Schranken $\mathfrak{p}$, $\mathfrak{P}$[1]).

Die Elemente der Determinante (15. 5) [dort $t = p$, $a = p_2$]

$$(3) \qquad \Delta(p, p_2) = \begin{vmatrix} \dfrac{\partial\xi}{\partial p} & \dfrac{\partial\eta}{\partial p} \\[2ex] \dfrac{\partial\xi}{\partial p_2} & \dfrac{\partial\eta}{\partial p_2} \end{vmatrix}$$

sind mithin

$$\frac{\partial\xi}{\partial p} = \frac{y_2}{h(p_2)}\,\frac{h'(p)}{p}, \qquad \frac{\partial\eta}{\partial p} = \frac{y_2}{h(p_2)}\,h'(p),$$

$$\frac{\partial\xi}{\partial p_2} = -\,y_2\,\frac{h'(p_2)}{h(p_2)^2}\int\limits_{p_2}^{p}\frac{h'(q)}{q}\,dq - \frac{y_2}{h(p_2)}\,\frac{h'(p_2)}{p_2},$$

$$\frac{\partial\eta}{\partial p_2} = -\,y_2\,\frac{h'(p_2)}{h(p_2)^2}\,h(p).$$

[1]) z. B. mit $\mathfrak{P}$ als einer Wurzel der Gleichung $h'(p) = 0$. Im Sonderfalle (10. 28) ist $\mathfrak{p} = 0$, $\mathfrak{P} = \sqrt{3}$.

Zieht man also aus der ersten Zeile von (3) den Faktor $y_2 h(p_2)^{-1} h'(p)$, aus der zweiten den Faktor $-y_2 h(p_2)^{-2} \cdot h'(p_2)$ heraus, so erhält man

$$\Delta(p, p_2) = -y_2^2 \frac{h'(p)\,h'(p_2)}{h(p_2)^3} \begin{vmatrix} \frac{1}{p} & 1 \\ \int\limits_{p_2}^{p} \frac{h'(q)}{q}\,dq + \frac{h(p_2)}{p_2} & h(p) \end{vmatrix}$$

$$= -y_2^2 \frac{h'(p)\,h'(p_2)}{h(p_2)^3} \left[\frac{h(p)}{p} - \frac{h(p_2)}{p_2} - \int\limits_{p_2}^{p} \frac{h'(q)}{q}\,dq \right].$$

Die Ableitung der eckigen Klammer, deren Inhalt wir mit $\Lambda(p, p_2)$ bezeichnen, nach p ist

$$\text{(4)} \qquad \frac{d\Lambda(p, p_2)}{dp} = \frac{h'(p)}{p} - \frac{h(p)}{p^2} - \frac{h'(p)}{p} = -\frac{h(p)}{p^2}.$$

In diesem bei beliebigem Widerstandsgesetze übersichtlichen Ergebnisse setzt man unter der Newtonschen Annahme (10. 28) laut (10. 29), (10. 32)

$$h(p) = \frac{(1+p^2)^2}{2p^3}, \quad h'(p) = \frac{(1+p^2)(p^2-3)}{2p^4}.$$

Dann ist wegen $h(p) > 0$, $h'(p) < 0$ in $\Delta(p, p_2)$ der Faktor vor $\Lambda(p, p_2)$ negativ und $\Lambda(p, p_2)$ selbst negativ, weil diese Größe für $p = p_2$ verschwindet und nach (4) eine entschieden negative Ableitung besitzt. $\Delta(p, p_2)$ ist also positiv.

Hiernach und nach (19. 2) liefert ein beliebiges Stück des gegen die x-Achse hohlen Extremalenbogens ein schwaches Minimum des Widerstandes.

§ 21. Abwandlung der Konjugiertheits-Bedingung

Bei manchen Aufgaben ist die der Bedingung

$$\text{(1)} \qquad \Delta(t_4, a_0) = 0$$

(§ 15) zugrunde liegende Gleichung (15. 1) der Extremalenschar durch 2 nicht bequem herstellbar. Deshalb gibt man dieser Bedingung für den zu 2 konjugierten Punkt 4 noch eine zweite Form, die auf die zweifache, den Bogen $\mathfrak{E}$ enthaltende Extremalenschar (8. 7) in der Gestalt

$$x = \mathfrak{x}(t, b, c), \qquad y = \mathfrak{y}(t, b, c) \tag{2}$$

Bezug nimmt; aus dieser geht (15. 1) durch Einsetzung passender Funktionen $b = B(a), c = C(a)$ hervor. — Für irgendeinen Punkt einer Extremale (15. 1) gilt

$$\begin{aligned} dx &= \xi_t dt + \xi_a da = \mathfrak{x}_t dt + \mathfrak{x}_b db + \mathfrak{x}_c dc\,, \\ dy &= \eta_t dt + \eta_a da = \mathfrak{y}_t dt + \mathfrak{y}_b db + \mathfrak{y}_c dc\,. \end{aligned} \tag{3}$$

Da 2 fest, ist $dx_2 = dy_2 = 0$, also mit den Abkürzungen $\mathfrak{x}_t(t_2, b, c) = \mathfrak{x}_t|^2$ usw.

$$\begin{aligned} \mathfrak{x}_t|^2 dt_2 + \mathfrak{x}_b|^2 db + \mathfrak{x}_c|^2 dc = 0\,, \\ \mathfrak{y}_t|^2 dt_2 + \mathfrak{y}_b|^2 db + \mathfrak{y}_c|^2 dc = 0\,. \end{aligned} \tag{4}$$

In 4 gelten ebenso die Beziehungen

$$\begin{aligned} \mathfrak{x}_t|^4 dt_4 + \mathfrak{x}_b|^4 db + \mathfrak{x}_c|^4 dc = 0\,, \\ \mathfrak{y}_t|^4 dt_4 + \mathfrak{y}_b|^4 db + \mathfrak{y}_c|^4 dc = 0\,. \end{aligned} \tag{5}$$

Denn (1) erhält man, indem man aus den Gleichungen

$$\begin{aligned} \xi_t(t_4, a_0)\, dt_4 + \xi_a(t_4, a_0)\, da_0 = 0\,, \\ \eta_t(t_4, a_0)\, dt_4 + \eta_a(t_4, a_0)\, da_0 = 0 \end{aligned} \tag{6}$$

die Größen dt_4, da_0 wegschafft; aus (6) folgt (5) nach (3). Entfernt man dt_2, dt_4, db, dc aus den in diesen Größen linearen und homogenen vier Gleichungen (4), (5), so findet man

$$\begin{vmatrix} \mathfrak{x}_t|^2 & 0 & \mathfrak{x}_b|^2 & \mathfrak{x}_c|^2 \\ \mathfrak{y}_t|^2 & 0 & \mathfrak{y}_b|^2 & \mathfrak{y}_c|^2 \\ 0 & \mathfrak{x}_t|^4 & \mathfrak{x}_b|^4 & \mathfrak{x}_c|^4 \\ 0 & \mathfrak{y}_t|^4 & \mathfrak{y}_b|^4 & \mathfrak{y}_c|^4 \end{vmatrix} = 0\,;$$

die Entwicklung nach den Unterdeterminanten der beiden ersten Zeilen[1]) liefert

[1]) Vgl. P. B. Fischer, Determinanten, Slg. Göschen Bd. 402, 3. Aufl. 1932, S. 59.

$$(7)\qquad \begin{vmatrix} \Theta_1(t_2, b, c) & \Theta_1(t_4, b, c) \\ \Theta_2(t_2, b, c) & \Theta_2(t_4, b, c) \end{vmatrix} = 0,$$

wo

$$(8)\qquad \Theta_1(t, b, c) = \frac{\partial(\mathfrak{x}, \mathfrak{y})}{\partial(t, b)}, \quad \Theta_2(t, b, c) = \frac{\partial(\mathfrak{x}, \mathfrak{y})}{\partial(t, c)}$$

gesetzt ist. (7) ist die genannte Abwandlung der Bedingung (1).

§ 22. Beispiele

Beispiel 2. Schreibt man die Extremalen (10. 4) nach (21. 2) in der Gestalt

$$(1)\qquad x = bt + c, \qquad y = b \operatorname{Cos} t,$$

so findet man nach (21. 8)

$$\Theta_1(t, b, c) = b(\operatorname{Cos} t - t \operatorname{Sin} t), \qquad \Theta_2(t, b, c) = -b \operatorname{Sin} t.$$

(21. 7) lautet also

$$(\operatorname{Cos} t_2 - t_2 \operatorname{Sin} t_2) \operatorname{Sin} t_4 - (\operatorname{Cos} t_4 - t_4 \operatorname{Sin} t_4) \operatorname{Sin} t_2 = 0$$

oder

$$\varphi(t_4) = \varphi(t_2), \qquad \varphi(t) = \operatorname{Ctg} t - t.$$

Nun ist $\varphi'(t) = -\operatorname{Sin}^{-2} t - 1 < 0$, folglich nimmt $\varphi(t)$ beständig ab; für $-\infty < t < 0$ durchläuft $\varphi(t)$ die Werte von $+\infty$ bis $-\infty$, für $0 < t < \infty$ wiederum die Werte von $+\infty$ bis $-\infty$. Liegt also 2 (Abb. 5) auf dem absteigenden Aste $\mathfrak{a}_1$ der Kettenlinie $\mathfrak{k}\,(-\infty < t < 0)$, so gibt es einen zu 2 konjugierten Punkt 4 auf ihrem aufsteigenden Aste $\mathfrak{a}_2$; sonst gibt es zu 2 keinen vorderen konjugierten Punkt. Wenn $t_2 < t_3 < 0$ und 5 zu 3 konjugiert ist, so ist $0 < t_4 < t_5$. — Da die Weierstraßsche Bedingung nach (17. 2) erfüllt ist, so liefert jeder Bogen von $\mathfrak{k}$, der ein echter Teil von $\mathfrak{a}_1$ oder von $\mathfrak{a}_2$ oder von $\mathfrak{k}_{24}$ ist, ein starkes Minimum des Inhalts der Drehfläche.

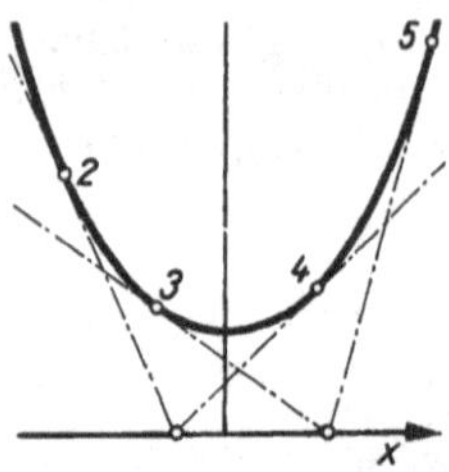

Abb. 5.

Man findet den Punkt 4 bequem zeichnerisch durch die *Lindelöfsche Konstruktion*[1]: *Die Tangenten in konjugierten Punkten schneiden sich auf der x-Achse.* Dies gilt immer, wenn die Extremalen sich wie bei (1) in der Form darstellen lassen

$$(2) \qquad x = bt + c, \quad y = b\psi(t).$$

Beweis: Aus (2) ergeben sich die Ausdrücke (21. 8) zu

$$\Theta_1(t, b, c) = b[\psi(t) - t\psi'(t)], \quad \Theta_2(t, b, c) = -b\psi'(t).$$

Daher findet man 4 nach (21. 7) durch den Ansatz

$$(3) \qquad \frac{\psi(t_4)}{\psi'(t_4)} - t_4 = \frac{\psi(t_2)}{\psi'(t_2)} - t_2.$$

Andrerseits erhält man aus der Gleichung der Tangente an $\mathfrak{C}$

$$\eta - b\psi(t) = \psi'(t)\,[\xi - (bt + c)],$$

in der ξ und η laufende Koordinaten bedeuten, für die Abszisse des Schnittpunktes der Tangente mit der x-Achse

$$\xi = -b\frac{\psi(t)}{\psi'(t)} + bt + c.$$

Für die Tangenten in 2 und 4 folgt aus (3) in der Tat $\xi_2 = \xi_4$, w. z. b. w.

Beispiel 3. Aus (10. 8), (10. 9) geht hervor, daß man entsprechend (2)

$$(4) \quad x + k = c\psi\left(\frac{y + l}{c}\right), \text{ d. h. } y = ct - l,\ x + k = c\psi(t)$$

setzen kann. Daher gölte die Lindelöfsche Konstruktion mit $\mathfrak{g}$ statt der x-Achse. Da aber der Zykloidenbogen $\mathfrak{Z}_{01}$ (§ 10, Abb. 1) zwischen zwei Spitzen keine zwei Punkte enthält, deren Tangenten sich auf $\mathfrak{g}$ schneiden, so ist die Jacobische Bedingung erfüllt. Dasselbe gilt nach (17. 2) von der Weierstraßschen; daher liefert $\mathfrak{Z}_{01}$ ein starkes Minimum der Zeit. — Natürlich kann man die Jacobische Bedingung auch ohne Kenntnis der Lindelöfschen Konstruktion an Hand von (21. 7) rechnerisch nachprüfen. Dies ginge genau nach dem Muster des Beispiels 2 vor sich; es darf hier unterbleiben.

---

[1]) L. L. Lindelöf, 1827—1908.

Beispiel 4, a) wurde schon in § 17 erledigt. Wir fügen die Bemerkung hinzu, daß nach (10. 16)

$$x + k = c^2\left[1 + \left(\frac{y+l}{2c^2}\right)^2\right] = C\psi\left(\frac{y+l}{C}\right)$$

ist, wo $C = c^2$. Daher ist man wieder im Falle (4): Die Tangenten in konjugierten Punkten 0 und 6 (§ 10, Abb. 2) schneiden sich auf der Leitlinie $\mathfrak{L}$. Dies stimmt mit der Angabe in § 10 überein, daß 0, 6 und der Brennpunkt 4 der Parabel $\mathfrak{P}_4$ auf einer Geraden liegen. Daraus folgt nämlich, daß die Polaren der Punkte 0, 6, 4, also die Tangenten in 0 und 6 und $\mathfrak{L}$ sich in einem Punkte 9 schneiden.

§ 23. Der Hüllensatz

Die an das Beispiel 4, a) des § 17 geknüpfte Bemerkung verallgemeinert sich zu dem Satze: *Der geometrische Ort der zu 2 konjugierten Punkte 4 auf den durch 2 gehenden Extremalen ist die Hülle dieser Schar.*

Beweis: Wir gehen von (21. 1) aus und nehmen an, daß

$$(1) \qquad \Delta_t(t_4, a_0) \neq 0$$

sei, was sich in den Beispielen leicht nachprüfen läßt; in einem von uns nicht entwickelten Zusammenhange kann man (1) unter der Annahme (19. 2) beweisen. Nach (21. 1) und (1) kann man die Gleichung

$$(2) \qquad \Delta(t, a) = 0$$

in der Nähe der Stelle (t_4, a_0) nach t auflösen; $t = t_3$ ergibt sich als reguläre Funktion T von a mit der Ableitung

$$\frac{dt}{da} = T'(a) = -\frac{\Delta_a(t, a)}{\Delta_t(t, a)}.$$

Setzt man in (15. 1) $T(a)$ für t ein, so erhält man für die Ableitungen der Koordinaten des für $a = a_0$ in die Lage 4 fallenden Punktes 3

$$(3) \qquad \frac{dx}{da} = \xi_t \frac{dt}{da} + \xi_a, \qquad (4) \qquad \frac{dy}{da} = \eta_t \frac{dt}{da} + \eta_a;$$

wenn die Größen (3), (4) nicht zugleich verschwinden, beschreibt 3 eine reguläre Kurve $\mathfrak{H}$. Aus (3), (4) und (2) folgt

$$(5)\qquad \eta_t \frac{dx}{da} - \xi_t \frac{dy}{da} = 0\,;$$

$\mathfrak{H}$ wird also von den Extremalen berührt und ist daher die *Hülle* der Schar $\mathfrak{e}$. Indem wir $\left.\frac{dx}{da}\right|^{a=a_0} = \dot{x}(a_0)$ usw. setzen, ziehen wir in dem Ausnahmefalle $\dot{x}(a_0) = \dot{y}(a_0) = 0$ nur die Möglichkeit in Betracht, daß $\dot{x}(a) = \dot{y}(a) = 0$ ist für *alle* hinreichend kleinen $|\,a - a_0\,|$; dann schrumpft $\mathfrak{H}$ in den Punkt 4 zusammen. Andere Möglichkeiten und die dabei etwa auftretenden singulären Punkte lassen wir hier beiseite.

Die Hülle ist für das Extrem auch von unmittelbarer Bedeutung; dies zeigt der *Hüllensatz*, der zunächst in dem genannten Sonderfalle folgende einfache Gestalt hat: *Geht eine Schar von Extremalen durch zwei feste Punkte* 2 *und* 4, *so hat das längs ihrer gebildete Integral* $\bar{I}_{24}$ *auf allen denselben Wert.*

Beweis: Man kann die Extremalen 24 als Variationen voneinander ansehen. Dazu wird man in (3. 1), wenn α und a die Werte des Scharparameters vor und bei der Variation bedeuten, $\mathfrak{p} = 1, \varepsilon = \alpha - a$,

$$\delta = d\alpha \left.\frac{d}{d\alpha}\right|^{\alpha=a} \text{ oder, abgewandelt}^{1)}\ (6)\ \delta = da \cdot \frac{d}{da}$$

setzen. Dann ergeben (6. 13), (6. 26), (6. 27)

$$\delta \bar{I}_{24} = F_{x'}\delta x + F_{y'}\delta y \,\Big|_2^4 = 0,$$

weil $\delta x_2 = \delta y_2 = \delta x_4 = \delta y_4 = 0$ ist. Demnach ist $\bar{I}_{24}$ von a unabhängig, w. z. b. w.

Ein bekanntes Beispiel dieses Satzes liefern die Kürzesten auf der Kugel. Die Schar $\mathfrak{e}$ wird von den größten Kreisen durch einen Kugelpunkt 2 gebildet; diese gehen auch alle durch den Gegenpol 4 von 2. Die Bögen 24 sind alle von gleicher Länge.

---

[1]) α mit a bezeichnet.

In dem Hauptfalle (Abb. 6), daß $\mathfrak{H}$ eine reguläre Kurve ist, lautet der Hüllensatz: *Sind* 3, 5 *Hüllenpunkte, so ist*

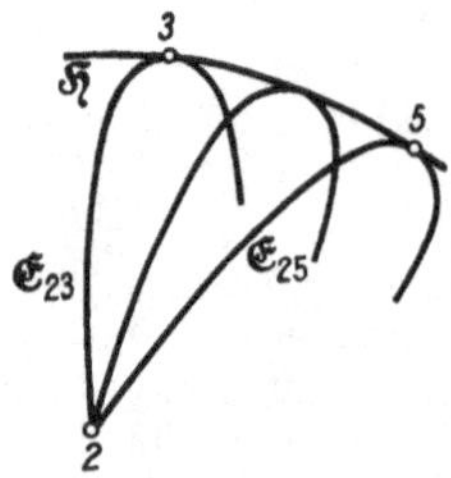

Abb. 6.

(7) $$\bar{I}_{23} + I_{35} = \bar{I}_{25},$$

wenn I_{35} *das längs der Hülle gebildete Integral bedeutet.* Man wird in § 28 erkennen, daß diese „Evoluteneigenschaft" nicht ferne liegt.

Beweis der Formel (7): Man denke sich 3 auf $\mathfrak{H}$ beweglich, 5 dort fest; die zu $\mathfrak{E}_{23}$, $\mathfrak{E}_{25}$ gehörigen Werte von a seien a_3, a_5. Bei den Bezeichnungen (6) des vorhergehenden Beweises (mit $\alpha = a_3$, $a = a_5$) und $(dx/da)|^3 = \dot{x}$ usw. erhält man nach (6. 13) wieder

(8) $$\delta \bar{I}_{23} = [F_{x'}(\xi_t, \eta_t)\, \dot{x} + F_{y'}(\xi_t, \eta_t)\, \dot{y}]\, da\,,$$

wenn man die Schreibweise abkürzt, wie im Anschluß an (16. 6) erklärt. Ferner ist

$$I_{35} = \int\limits_{a_3}^{a_5} F\left(\frac{dx}{da}, \frac{dy}{da}\right) da\,, \quad \delta I_{35} = -F(\dot{x}, \dot{y})\, da$$

oder nach (5. 6)

(9) $$\delta I_{35} = -[F_{\dot{x}}(\dot{x}, \dot{y})\, \dot{x} + F_{\dot{y}}(\dot{x}, \dot{y})\, \dot{y}]\, da\,.$$

Nun kann man nach (5) mit einem von $a_3 = a$ abhängigen Faktor $\mu(a)$ längs $\mathfrak{H}$

(10) $$\dot{x} = \mu(a)\, \xi_t, \quad \dot{y} = \mu(a)\, \eta_t$$

setzen; dabei ist $\mu(a) \neq 0$ und kann *positiv* angenommen werden, da sich dies nötigenfalls durch Umkehrung des Vorzeichens von a erreichen läßt. Für $\mu > 0$ gelten aber (5. 11), (5. 12),

(11) $$F_{\dot{x}}(\mu\xi_t, \mu\eta_t) = F_{x'}(\xi_t, \eta_t), \quad F_{\dot{y}}(\mu\xi_t, \mu\eta_t) = F_{y'}(\xi_t, \eta_t);$$

setzt man (10), (11) in (9) ein, so findet man

(12) $$\delta I_{35} = -[F_{x'}(\xi_t, \eta_t)\, \dot{x} + F_{y'}(\xi_t, \eta_t)\, \dot{y}]\, da\,.$$

Wenn man (8) und (12) zusammenzählt, ergibt sich

$$\delta(\bar{I}_{23} + I_{35}) = 0;$$

$\bar{I}_{23} + I_{35}$ ist also von a unabhängig, mithin z. B. gleich dem Werte $\bar{I}_{25}$, der zustande kommt, wenn 3 in 5 fällt. Damit ist (7) bewiesen.

Der Hüllensatz lehrt, daß der Extremalenbogen $\mathfrak{E}_{25}$ kein Extrem des Integrals I darbietet; denn dieses erhält längs der Vergleichskurve 235, welche aus $\mathfrak{E}_{23}$ und $\mathfrak{H}_{35}$ besteht, denselben Wert wie längs $\mathfrak{E}_{25}$. Genauer liefert $\mathfrak{E}_{25}$ nicht einmal ein schwaches Extrem von I. Wählt man nämlich 3 hinlänglich nahe an 5, so verläuft der Weg 235 in der *engeren* Nachbarschaft von $\mathfrak{E}_{25}$; denn dann unterscheiden sich die Tangenten an $\mathfrak{H}_{35}$ beliebig wenig von der Tangente in 5, und die Tangenten an $\mathfrak{E}_{23}$ beliebig wenig von den Tangenten an $\mathfrak{E}_{25}$, da $\mathfrak{E}_{23}$ stetig in $\mathfrak{E}_{25}$ übergeht. — Durch das Aufhören des Extrems auf $\mathfrak{E}_{25}$ ist die Jacobische Bedingung in bestimmtem Umfange auch als *notwendig* erwiesen.

§ 24. Ein Beispiel

Im *Beispiel* 4, a) des § 10 bezeichnen wir die dort 0 und 6 genannten Punkte mit 2 und 3 wie in § 23, Abb. 6; 5 sei der Berührungspunkt einer anderen Parabel $\mathfrak{P}_{25}$ (10. 18) mit $\mathfrak{H}$, auf der $\varphi = \varphi_5$ ist, während $\varphi = \varphi_3$ ist auf $\mathfrak{P}_{23}$. Nach (10. 13), (10. 14) ist mit $X = gx$

$$(1) \quad \bar{I}_{23} = \int_{x_2}^{x_3} \sqrt{g(x+k)}\sqrt{1+p^2}\,dx = \int_{x_2}^{x_3} \frac{\sqrt{g}(x+k)}{\sqrt{x+k-c^2}}\,dx$$

$$= \sqrt{g}\int_{x_2}^{x_3} \sqrt{x+k-c^2}\,dx + c^2\sqrt{g}\int_{x_2}^{x_3} \frac{dx}{\sqrt{x+k-c^2}}\,.$$

Führt man nach (10. 18) y statt x als Integrationsveränderliche ein, so erhält man nach (10. 19), (10. 20)

$$x + k - c^2 = \frac{1}{2 g v_0^2 \cos^2\varphi} [g(y - y_2) - v_0^2 \sin\varphi \cos\varphi]^2,$$

$$dx = \frac{1}{v_0^2 \cos^2\varphi} [g(y - y_2) - v_0^2 \sin\varphi \cos\varphi]\, dy,$$

$$\bar{I}_{23} = \frac{1}{\sqrt{2}\, v_0^3 \cos^3\varphi} \int_{y_2}^{y_3} [g(y - y_2) - v_0^2 \sin\varphi \cos\varphi]^2 dy$$

$$+ \frac{v_0 \cos\varphi}{\sqrt{2}} \int_{y_2}^{y_3} dy$$

$$= \frac{[g(y-y_2) - v_0^2 \sin\varphi \cos\varphi]^3}{3\sqrt{2}\, g v_0^3 \cos^3\varphi} \Bigg|_{y_2}^{y_3} + \frac{v_0 \cos\varphi}{\sqrt{2}} (y_3 - y_2),$$

also nach (17. 3)

$$\bar{I}_{23} = \frac{v_0^3}{3\sqrt{2}\, g} \frac{\cos^6\varphi}{\sin^3\varphi} + \frac{v_0^3}{3\sqrt{2}\, g} \sin^3\varphi + \frac{v_0^3}{\sqrt{2}\, g} \frac{\cos^2\varphi}{\sin\varphi}$$

$$= \frac{v_0^3}{3\sqrt{2}\, g \sin^3\varphi}.$$

Genauer ist

$$(2) \qquad \bar{I}_{23} = \frac{v_0^3}{3\sqrt{2}\, g \sin^3\varphi_3}, \qquad \bar{I}_{25} = \frac{v_0^3}{3\sqrt{2}\, g \sin^3\varphi_5}.$$

Längs $\mathfrak{H}$ ergibt sich aus (17. 3), (17. 4), (10. 21)

$$dx = -\frac{v_0^2}{g} \frac{\cos\varphi\, d\varphi}{\sin^3\varphi}, \qquad dy = -\frac{v_0^2}{g} \frac{d\varphi}{\sin^2\varphi},$$

$$\frac{dy}{dx} = p = \operatorname{tg}\varphi, \quad \sqrt{1 + p^2} = \frac{1}{\cos\varphi}, \quad \sqrt{g(x + k)} = \frac{v_0}{\sqrt{2}} \operatorname{ctg}\varphi,$$

$$(3) \qquad I_{35} = -\frac{v_0^3}{\sqrt{2}\, g} \int_{\varphi_3}^{\varphi_5} \frac{\cos\varphi\, d\varphi}{\sin^4\varphi} = \frac{v_0^3}{3\sqrt{2}\, g} \frac{1}{\sin^3\varphi} \Bigg|_{\varphi_3}^{\varphi_5}.$$

Durch (2) und (3) wird (23. 7) bestätigt.

Abschnitt III. Bewegliche Enden

§ 25. Transversalität

Bei den bisher behandelten Extremen waren die Enden 0,1 der gesuchten Kurve gegeben. Die Aufgabe (5. 3) läßt sich aber wie folgt abändern: *Man soll*

a) *von einem nicht vorgeschriebenen Punkte* 0 *einer gegebenen Kurve*

(1) $$L(x, y) = 0$$

nach einem gegebenen Punkte 1 *hin*, oder

b) *von einem nicht vorgeschriebenen Punkte* 0 *einer gegebenen Kurve* (1) *nach einem gleichfalls nicht vorgeschriebenen Punkte* 1 *einer gegebenen Kurve*

(2) $$M(x, y) = 0$$

eine Kurve $\mathfrak{A}$ *so ziehen, daß das Integral* (5. 3) *einen extremen Wert erhält.*

Auch bei diesen Aufgaben mit *veränderlichen* Endpunkten *muß* $\mathfrak{A}$, wenn regulär und stetig gekrümmt, *eine Extremale* $\mathfrak{E}$ sein. Denn $\mathfrak{A}$ soll ja z. B. bei a) das Extrem zwischen dem auf (1) gefunden gedachten Punkte 0 und dem festen Punkte 1 auch liefern, wenn man 0 festhält.

Um die Lage von 0 auf (1) und von 1 auf (2) zu bestimmen, leitet man wie in § 6 das δ-Verfahren ein, indem man $\mathfrak{A}$ (5. 1) wie folgt in eine Schar $\hat{a}$ von Nachbarn $\hat{\mathfrak{A}}$ einbettet:

Im Falle a) sei

(3) $$\mathfrak{x}_0 = g(\theta), \quad \mathfrak{y}_0 = h(\theta)$$

die Parameterdarstellung der regulären Kurve (1); im besonderen seien

(4) $$x_0 = g(\theta_0), \quad y_0 = h(\theta_0)$$

die Koordinaten von 0, die sich auf $\mathfrak{A}$ für $t = t_0$ ergeben; für $t = t_1$ ist $x = x_1$, $y = y_1$. $\alpha(t)$ und $\beta(t)$ seien zwei beliebige reguläre Funktionen mit der Eigenschaft

(5) $$\alpha(t_0) = \beta(t_0) = 1, \quad \alpha(t_1) = \beta(t_1) = 0.$$

Nun setzt man $\hat{\mathfrak{a}}$ in der Form an

(6) $\hat{x} = x + \alpha(t)\,[g(\theta) - g(\theta_0)]$, $\hat{y} = y + \beta(t)\,[h(\theta) - h(\theta_0)]$;

dann ist auf $\hat{\mathfrak{A}}$ für $t = t_0$ bzw. $t = t_1$ nach (3), (4), (5)

$$\hat{x}_0 = x_0 + g(\theta) - x_0 = \mathfrak{x}_0,\ \hat{y}_0 = \mathfrak{y}_0,\ \hat{x}_1 = x_1,\ \hat{y}_1 = y_1,$$

$\hat{\mathfrak{A}}$ läuft also wirklich von der Kurve (1) zum Punkte 1. (6) wird ein Sonderfall von (6. 1), wenn man $\theta - \theta_0$ als die einzige Größe ε des § 2 wählt; man erhält nach (2. 2)

$$(7)\qquad \delta x = \frac{\partial \hat{x}}{\partial \theta}\Big|^{\theta=\theta_0} d\theta = \alpha(t)\,g'(\theta_0)\,d\theta\,,\ \delta y = \beta(t)\,h'(\theta_0)\,d\theta\,.$$

Nun gilt auf (1) die Differentialgleichung $L_x g'(\theta) + L_y h'(\theta) = 0$; da in 0 die Größen (7) nach (5) die Werte $\delta x|^0 = g'(\theta_0)\,d\theta$, $\delta y|^0 = h'(\theta_0)\,d\theta$ haben, ist auch

$$(8)\qquad L_x \delta x + L_y \delta y|^0 = 0\,.$$

Im Falle b) sei (1) durch (3), (2) durch die Formeln

$$(9)\qquad \mathfrak{x}_1 = \mathfrak{g}(\vartheta),\qquad \mathfrak{y}_1 = \mathfrak{h}(\vartheta)$$

dargestellt;

$$(10)\qquad x_1 = \mathfrak{g}(\vartheta_1),\qquad y_1 = \mathfrak{h}(\vartheta_1)$$

bedeute den gefunden gedachten Punkt 1, der sich auf $\mathfrak{A}$ für $t = t_1$ ergibt. $\alpha(t), \beta(t), \varrho(t), \sigma(t)$ seien beliebige reguläre Funktionen mit den Eigenschaften

$$(11)\qquad \begin{aligned} &\alpha(t_0) = \beta(t_0) = 1\,,\ \alpha(t_1) = \beta(t_1) = 0\,,\\ &\varrho(t_0) = \sigma(t_0) = 0\,,\ \ \varrho(t_1) = \sigma(t_1) = 1\,. \end{aligned}$$

Mit diesen Zeichen wählt man für $\hat{\mathfrak{a}}$ den Ansatz

$$(12)\qquad \begin{aligned} \hat{x} &= x + \alpha(t)\,[g(\theta) - g(\theta_0)] + \varrho(t)\,[\mathfrak{g}(\vartheta) - \mathfrak{g}(\vartheta_1)],\\ \hat{y} &= y + \beta(t)\,[h(\theta) - h(\theta_0)] + \sigma(t)\,[\mathfrak{h}(\vartheta) - \mathfrak{h}(\vartheta_1)]; \end{aligned}$$

dann ist für $t = t_0$ bzw. $t = t_1$ nach (3), (4), (9), (10), (11)

$$\hat{x}_0 = x_0 + g(\theta) - x_0 = \mathfrak{x}_0,\ \hat{y}_0 = \mathfrak{y}_0\ \text{ bzw. }\ \hat{x}_1 = \mathfrak{x}_1,\ \hat{y}_1 = \mathfrak{y}_1.$$

$\hat{\mathfrak{A}}$ verbindet also die beiden Kurven (1), (2). Aus (12) erhält man, wenn man $\theta - \theta_0$, $\vartheta - \vartheta_1$ als die Größen ε_1 und ε_2 des § 2 wählt, nach (2. 2)

$$(13) \qquad \begin{aligned} \delta x &= \alpha(t)\, g'(\theta_0)\, d\theta + \varrho(t)\, \mathfrak{g}'(\vartheta_1)\, d\vartheta, \\ \delta y &= \beta(t)\, h'(\theta_0)\, d\theta + \sigma(t)\, \mathfrak{h}'(\vartheta_1)\, d\vartheta; \end{aligned}$$

daher ist nach (11)

$$\begin{aligned} \delta x|^0 &= g'(\theta_0)\, d\theta, & \delta y|^0 &= h'(\theta_0)\, d\theta, \\ \delta x|^1 &= \mathfrak{g}'(\vartheta_1)\, d\vartheta, & \delta y|^1 &= \mathfrak{h}'(\vartheta_1)\, d\vartheta. \end{aligned}$$

Auf (1) und (2) bestehen die Differentialgleichungen

$$L_x g'(\theta) + L_y h'(\theta) = 0, \quad M_x \mathfrak{g}'(\vartheta) + M_y \mathfrak{h}'(\vartheta) = 0;$$

folglich ist auch

$$(14) \quad L_x \delta x + L_y \delta y|^0 = 0, \qquad (15) \quad M_x \delta x + M_y \delta y|^1 = 0.$$

Mit dem durch (7) bzw. (13) erklärten Sinne des Zeichens δ ergibt sich für die Variation des Integrals (5. 3) die Formel (6. 13), welche sich wegen (6. 26), (6. 27), (6. 17) auf

$$(16) \qquad \delta I_{01} = F_{x'} \delta x + F_{y'} \delta y \,\Big|_0^1 = 0$$

zurückzieht. Dabei ist im Falle a) $\delta x_1 = \delta y_1 = 0$, und es gilt (8); im Falle b) gelten (14), (15).

Daher vereinfacht sich (16) im Falle a) zu

$$(17) \quad F_{x'} \delta x + F_{y'} \delta y|^0 = 0; \quad (18) \quad (f - p f_p)\, \delta x + f_p \delta y|^0 = 0$$

besagt dasselbe bei unhomogener Schreibweise (9. 9), (9. 10). Liegen $\mathfrak{C}$ und (1) zueinander, wie dies den Vorschriften (8), (17) entspricht, so nennen wir die Kurve (1) eine *Transversale* $\mathfrak{T}$ von $\mathfrak{C}$. Wir erhalten also als *weitere notwendige Bedingung* des Extrems a) mit *einem* beweglichen Ende 0, daß dessen Ort (1) von der Extremale *transversal geschnitten* werden muß. Entsprechend muß im Falle b) die Extremale *beide* Kurven (1) und (2) transversal schneiden. Denn die Gleichungen (14), (15) bleiben erfüllt, wenn man $\delta x_1 = \delta y_1 = 0$ oder $\delta x_0 = \delta y_0 = 0$ setzt; diesen beiden Ansätzen gemäß ergeben sich aus (16) die beiden Formeln

$$(19) \quad F_{x'} \delta x + F_{y'} \delta y|^0 = 0, \qquad (20) \quad F_{x'} \delta x + F_{y'} \delta y|^1 = 0,$$

die erste zusammen mit (14), die zweite mit (15).

§ 26. Beispiele

Bei den Aufgaben der Form (17. 1) lautet (25. 17)

$$G(x, y)\frac{x'\delta x + y'\delta y}{\sqrt{x'^2 + y'^2}} = 0;$$

die Transversalität $x'\delta x + y'\delta y = 0$ bedeutet hier die senkrechte Lage von $\mathfrak{E}$ zu $\mathfrak{T}$. Dies gilt allgemeiner auch im *Beispiel* 6 (§ 12). Dort liefert (25. 17) nach (12. 16)

$$(Eu' + Fv')\,\delta u + (Fu' + Gv')\,\delta v = 0;$$

hierfür kann man nach (12. 6), (12. 7), (12. 8) schreiben

$$\Sigma\left(\frac{\partial X}{\partial u}du + \frac{\partial X}{\partial v}dv\right)\left(\frac{\partial X}{\partial u}\delta u + \frac{\partial X}{\partial v}\delta v\right) = 0,$$

und dies besagt in der Tat, daß

$$dX\;\delta X + dY\;\delta Y + dZ\;\delta Z = 0. \tag{1}$$

In den vorstehenden Fällen war die Transversalität in den Richtungen von $\mathfrak{E}$ und $\mathfrak{T}$ symmetrisch. Daß dem keineswegs immer so ist, lehrt das *Beispiel* 5 des § 10. Bei diesem hat nämlich (25. 18) nach (10. 25) die Gestalt

$$y[g(p) - pg'(p)]\,\delta x + yg'(p)\,\delta y = 0,$$

und das gibt im *Newton*schen Falle, bei dem $g(p) = p^3(1 + p^2)^{-1}$,

$$-y\frac{2p^3}{(1 + p^2)^2}\delta x + y\frac{p^2(3 + p^2)}{(1 + p^2)^2}\delta y = 0 \tag{2}$$

oder, wenn man $p = \operatorname{tg}\psi$, $\delta y/\delta x = \operatorname{tg}\omega$ setzt,

$$\operatorname{tg}\omega = \frac{2\operatorname{tg}\psi}{3 + \operatorname{tg}^2\psi}.$$

Wir beschäftigen uns jetzt ausführlicher mit dem *Beispiel* 4 des § 10; zunächst verfolgen wir den Sonderfall (10. 16) unter der Annahme, daß $\mathfrak{T}$ (25. 3) die Gerade $\mathfrak{y}_0 = 0$ von der Richtung der Schwere ist. Die einfache Schar der zu $\mathfrak{T}$ senkrechten Parabeln (10. 16) ergibt sich aus der Forderung

$$\left.\frac{dx}{dy}\right|^{y=0} = \frac{l}{2c^2} = 0,$$

d. h. mit $l = 0$ in der Form

$$(3) \qquad y^2 = 4c^2(x + k - c^2).$$

Um darunter diejenige zu ermitteln, welche durch 1 geht, sucht man (Abb. 7) ihren Brennpunkt; dieser liegt erstens auf der gemeinsamen Achse $\mathfrak{T}$ aller Parabeln, zweitens auf dem Kreise $\mathfrak{K}$ um 1 mit dem Abstande $|13|$ des Punktes 1 von der gemeinsamen Leitlinie $\mathfrak{L}$ (§ 10). Schneiden sich $\mathfrak{K}$

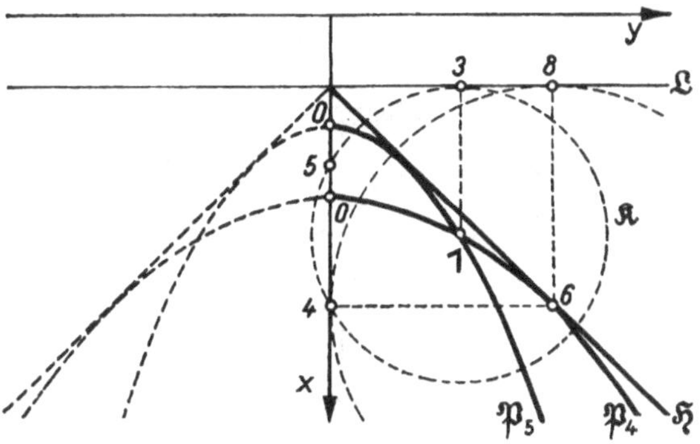

Abb. 7.

und $\mathfrak{T}$ in 4 und 5, so gibt es zwei Parabeln $\mathfrak{P}_4$, $\mathfrak{P}_5$ von $\mathfrak{T}$ nach 1; 1 liegt auf dem Mittellote zu $|45|$. Hält man $\mathfrak{P}_4$ fest und bewegt 1 auf $\mathfrak{P}_4$, so ändert sich 5; 5 fällt auf 4, $\mathfrak{P}_5$ auf $\mathfrak{P}_4$, wenn $\mathfrak{K}$ und $\mathfrak{T}$ sich in 4 berühren. Dann wird 1 Grenzpunkt 6 auf $\mathfrak{P}_4$; 6 liegt auf dem Lote zu $\mathfrak{T}$ durch 4. Da $|64|$ gleich dem Abstande $|68|$ des Punktes 6 von $\mathfrak{L}$ ist, so ist der Ort $\mathfrak{H}$ des Punktes 6, die Hülle der Parabeln (3), eine der Halbierenden des von $\mathfrak{L}$ und $\mathfrak{T}$ gebildeten Winkels. Liegt 1 unterhalb $\mathfrak{H}$, so gibt es zwei Parabeln (3) von $\mathfrak{T}$ nach 1; rückt 1 auf $\mathfrak{H}$, so rücken diese beiden in eine zusammen. Liegt 1 oberhalb $\mathfrak{H}$, so gibt es keine Parabel (3) von $\mathfrak{T}$ nach 1.

Ähnlich behandeln wir den Fall (10. 24), wenn $\mathfrak{T}$ eine Gerade $\varphi - \varphi_0 = 0$ durch die Kraftmitte 9 ist, die wir zur x-Achse wählen. Die Schar $\mathfrak{e}$ der zu $\mathfrak{T}$ senkrechten Kegelschnitte (10. 24) hat, weil man für diese nach (25. 17)

$$\frac{d\,(r^{-1})}{d\varphi}\Bigg|^{\varphi=\varphi_0} = 0, \text{ d. h. } \sin(\varphi_0 - \alpha) = 0$$

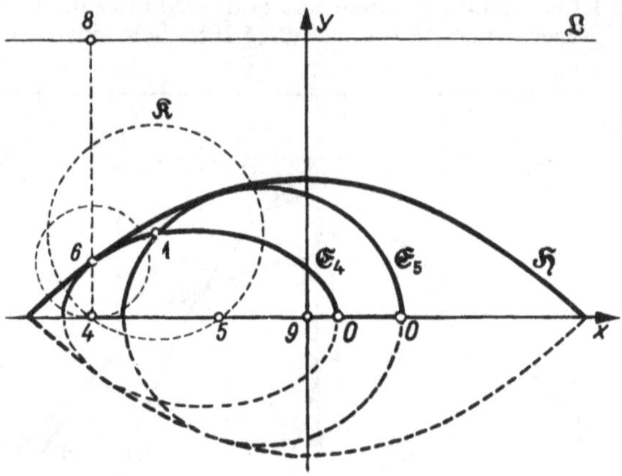

Abb. 8.

zu setzen hat, die Gleichung

$$(4) \qquad r = \frac{2c^2}{1 + \sqrt{1 + 4kc^2}\cos(\varphi - \varphi_0)}\,.$$

Wir beschränken uns auf den Fall $0 > k = -l$, in dem $\mathfrak{e}$ aus Ellipsen besteht. Um unter diesen die durch einen gegebenen Punkt 1 gehende zu finden, bestimmen wir (Abb. 8) ihren zweiten Brennpunkt; dieser liegt erstens auf der gemeinsamen Hauptachse $\mathfrak{T}$ aller Ellipsen, zweitens auf dem

Kreise $\mathfrak{K}$ mit $(l^{-1} - |91|)$ um 1. Schneiden sich $\mathfrak{K}$ und $\mathfrak{T}$ in 4 und 5, so findet man zwei Ellipsen $\mathfrak{E}_4$, $\mathfrak{E}_5$ von $\mathfrak{T}$ nach 1; 1 liegt auf dem Mittellote zu $|45|$. Wandert 1 auf der festen $\mathfrak{E}_4$, so bewegt sich 5; 5 fällt auf 4, $\mathfrak{E}_5$ auf $\mathfrak{E}_4$, wenn $\mathfrak{K}$ und $\mathfrak{T}$ sich in 4 berühren. Dann wird 1 Grenzpunkt 6 auf $\mathfrak{E}_4$; 6 liegt auf dem Lote zu $\mathfrak{T}$ durch 4. Aus der Ellipseneigenschaft

$$|69| + |64| = l^{-1}, \qquad |69| = l^{-1} - |64|$$

entnimmt man, daß 6 immer gleichen Abstand vom Ursprung 9 und der Geraden $y = l^{-1}$ hat; die Hülle $\mathfrak{H}$ ist also eine Parabel $\mathfrak{p}$, die den Punkt 9 zum Brennpunkt, die Gerade $y = l^{-1}$ zur Leitlinie $\mathfrak{L}$ hat — oder das Spiegelbild von $\mathfrak{p}$ an $\mathfrak{T}$. Je nachdem also, ob 1 zwischen $\mathfrak{T}$ und $\mathfrak{H}$ oder auf $\mathfrak{H}$ liegt oder von $\mathfrak{T}$ durch $\mathfrak{H}$ getrennt ist, gibt es zwei Ellipsen, eine oder keine von $\mathfrak{T}$ nach 1.

§ 27. Hinreichende Bedingungen bei einem beweglichen Ende

Wir entwickeln jetzt hinreichende Bedingungen des Extrems bei der Aufgabe § 25, a). Dabei werden wir uns kurz fassen, wie auch künftig überall dort, wo wir uns auf voraufgehende ähnliche Ausführungen beziehen können; das sind hier § 14 — § 16. — Es sei (Abb. 9) $\mathfrak{E}$ die Extremale 01, von welcher $\mathfrak{T}$ transversal geschnitten wird; $\mathfrak{V}$ eine von $\mathfrak{T}$ nach 1 führende beliebige Vergleichskurve der in § 14 beschriebenen Art. Man fordert, daß der Unterschied der längs $\mathfrak{V}$ und längs $\mathfrak{E}$ erstreckten Integrale

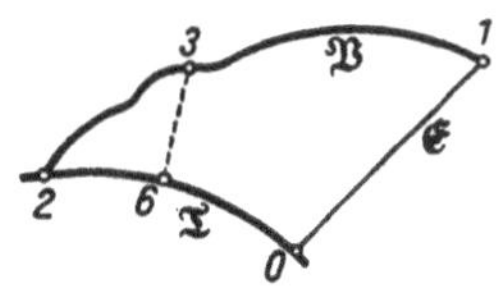

Abb. 9.

$$(1) \qquad \mathfrak{D} = I_{21} - \bar{I}_{01}$$

von Null verschieden sei und ein festes Vorzeichen besitze. Die *Weierstraßsche Konstruktion* vereinfacht sich insofern, als sie nicht, wie in § 14, *vor* dem Anfangselemente (dort vor 0 in 2) zu beginnen braucht, sondern *von* diesem, nämlich von $\mathfrak{T}$ ausgehen kann. Man zieht durch einen beliebigen

Punkt 3 von $\mathfrak{B}$ die die Kurve $\mathfrak{T}$ in 6 transversal schneidende Extremale 63; dies ist unter der bald anzugebenden Jacobischen Bedingung auf *eine* Weise möglich. $\mathfrak{B}$ werde mittels eines Parameters τ dargestellt, der von τ_2 nach τ_1 geht, wenn 3 von 2 nach 1 wandert. Dann ist $\mathfrak{D}$ der Unterschied der Werte der Funktion

$$(2) \qquad W(\tau) = I_{23} - \overline{I}_{63}$$

für $\tau = \tau_1$ und $\tau = \tau_2$ $[W(\tau_2) = 0]$; denn es ist

$$(3) \qquad W\,|_2^1 = \int\limits_{\tau_2}^{\tau_1} \frac{dW}{d\tau}\, d\tau = I_{21} - \overline{I}_{01} = \mathfrak{D}.$$

Um die Schar $\mathfrak{e}$ der zu $\mathfrak{T}$ transversalen Extremalen zu finden, hat man, wenn man etwa $x_0' \neq 0$ annimmt, nach (25. 18) die Gleichung

$$(4) \quad [f(x_6, y_6, p) - p f_p(x_6, y_6, p)] \frac{dx_6}{d\theta} + f_p(x_6, y_6, p) \frac{dy_6}{d\theta} = 0$$

nach p aufzulösen. Dies gelingt für hinlänglich kleine $|\,\theta - \theta_0\,|$ auf *eine* Weise, wenn F_1 (§ 19) längs $\mathfrak{E}$ von 0 verschieden ist. Denn die Ableitung der linken Seite von (4) nach p ist wegen (9. 12)

$$(5) \quad -p f_{pp} \frac{dx_6}{d\theta} + f_{pp} \frac{dy_6}{d\theta} = x'^2 \left(x' \frac{dy_6}{d\theta} - y' \frac{dx_6}{d\theta}\right) F_1,$$

also von 0 verschieden, wenn $\mathfrak{E}$ und $\mathfrak{T}$ sich in 0 *nicht* berühren, was vorausgesetzt werde.

$\mathfrak{e}$ läßt sich wieder in der Form (15. 1) darstellen, z. B. mit $a = \theta$; $\mathfrak{e}$ enthält $\mathfrak{E}$ für $a = a_0$. Nun gelte auf $[t_0 t_1]$ die Ungleichung (15. 4), die wir wieder als die *Jacobische Bedingung* bezeichnen. Sie ist unter der an (5) geknüpften Voraussetzung in 0 gewiß erfüllt; gerade diese Abweichung von § 15 gestattet die erwähnte Vereinfachung der Weierstraßschen Konstruktion. Es gilt dann (15. 5) auch längs der Mitglieder $\mathfrak{E}_6$ von $\mathfrak{e}$, sobald $\mathfrak{e}$ passend eingeschränkt wird, und für einen Bereich in t, der über $[t_0 t_1]$ beiderseits um ein

Stück hinausreicht. So geartet, ist $\mathfrak{e}$ wieder ein *Feld*; nach § 13 wird eine gewisse weitere Nachbarschaft $\mathfrak{U}$ (19. 1) des Bogens $\mathfrak{E}_{01}$ von den Kurven $\mathfrak{E}_6$ gerade einfach überdeckt. Die Kurven $\mathfrak{B}_{21}$ beschränken wir auf $\mathfrak{U}$; dann kann man durch jeden Punkt 3 von $\mathfrak{B}$ gerade eine Extremale $\mathfrak{E}_{63}$ von $\mathfrak{e}$ ziehen.

Wir geben auch hier der Jacobischen Bedingung eine zweite Form. Auf der in Richtung 01 durchlaufenden Extremale $\mathfrak{E}$ verschwinde (15. 4) zum ersten Male in 4, $\Delta(t_4, a_0) = 0$; dann nennen wir 4 aus einem in § 28 ersichtlichen Grunde den *extremalen Brennpunkt* der Kurve $\mathfrak{T}$ auf $\mathfrak{E}$. Die Jacobische Bedingung ist auf $\mathfrak{E}_{01}$ erfüllt, wenn $\mathfrak{E}_{01}$ den Punkt 4 nicht enthält.

Zu (3) zurückkehrend, finden wir für den Minuenden der Größe $dW/d\tau = \dot{W}$ nach (2)

$$\frac{dI_{23}}{d\tau_3} = F(x, y, \dot{x}, \dot{y})\,|^3 . \tag{6}$$

Bei ihrem Subtrahenden ziehen wir den ersten Teil der Formel (25. 16) heran,

$$\delta \bar{I}_{63} = F_{x'}\delta x + F_{y'}\delta y\,|_6^3 ; \tag{7}$$

an der unteren Grenze 6 verschwindet die rechte Seite wegen der transversalen Lage (25. 17) von $\mathfrak{T}$ zu $\mathfrak{E}_{63}$. Setzt man, was angeht, $\delta = d\tau_3 \dfrac{d}{d\tau_3}$, so geht (7) in

$$\frac{d\bar{I}_{63}}{d\tau_3} = F_{x'}(x, y, x', y')\,\dot{x} + F_{y'}(x, y, x', y')\,\dot{y}\,|^3 \tag{8}$$

über. Aus (6) und (8) erhält man in der Bezeichnung (16. 6)

$$\frac{d}{d\tau_3}(I_{23} - \bar{I}_{63}) = \mathcal{E}(x, y, x', y', \dot{x}, \dot{y})\,|^3 ;$$

nach (3) ist also

$$\mathfrak{D} = \int_{\tau_2}^{\tau_1} \mathcal{E}(x, y, x', y', \dot{x}, \dot{y})\, d\tau . \tag{9}$$

Man beweist wie in § 16, daß, wenn (15. 5) gilt, $\mathcal{E}$ längs $\mathfrak{B}$ nicht überall ordentlich verschwinden kann, ohne daß $\mathfrak{B}$ mit $\mathfrak{E}$ zusammenfällt. — Im Hinblick auf (9) kann man daher folgende *hinreichende Bedingungen* angeben: *Die Extremale $\mathfrak{E}$ liefert ein starkes Extrem des Integrals I, wenn $\mathfrak{E}$ den extremalen Brennpunkt der Kurve $\mathfrak{T}$ nicht enthält, und wenn $\mathcal{E}$ auf den Kurven $\mathfrak{B}$ sein Vorzeichen nicht wechselt und auf ihnen nur in ordentlicher Weise verschwindet.*

§ 28. Hüllen

Wie in § 23 beweist man, daß *der geometrische Ort der extremalen Brennpunkte* 4 *der Kurve $\mathfrak{T}$ auf den $\mathfrak{T}$ transversal schneidenden Extremalen die Hülle $\mathfrak{H}$ dieser Schar* $\mathfrak{e}$ *ist.* Dies erklärt den Namen des Punktes 4, der von dem Sonderfalle herrührt, daß $\mathfrak{e}$ aus Lichtstrahlen besteht, die von $\mathfrak{T}$ ausgehen. — Die Bedeutung der Hülle für das Extrem § 25, a) beruht auf einer Aussage, deren Beweis ganz wie der entsprechende des § 23 verläuft und daher hier übergangen wird[1]); der Satz lautet zunächst in dem Ausartungsfalle, daß $\mathfrak{H}$ in einen Punkt zusammenschrumpft:

Geht eine Schar von Extremalen, die eine Kurve $\mathfrak{T}$ transversal schneiden, durch einen festen Punkt 4, *so hat das längs ihrer gebildete Integral $\bar{I}_{04}$ auf allen denselben Wert.*

Das einfachste Beispiel bietet sich dar, wenn I die Länge und $\mathfrak{T}$ ein Kreis ist; 4 ist dann dessen Mittelpunkt, $\bar{I}_{04}$ die Länge seines Halbmessers. Entsprechendes gilt auf der Kugel: alle Punkte eines Breitenkreises haben vom Pole gleichen sphärischen Abstand.

Das erste Beispiel verallgemeinert sich zu einem bekannten Sachverhalte, wenn an Stelle des Kreises irgendeine Kurve $\mathfrak{T}$ der Ebene tritt (Abb. 10), deren Normalen die Evolute $\mathfrak{H}$ einhüllen. Sind 3 und 5 die zu zwei Punkten 0 und 2 von $\mathfrak{T}$ gehörigen Krümmungsmittelpunkte, und ist

---

[1]) Dies darf um so eher geschehen, als sie in § 36 auf andere Art bewiesen wird.

$\overline{03}$ die Länge der Strecke 03, $\widehat{35}$ die des Bogens $\mathfrak{H}_{35}$, so ist[1]) $\overline{03} + \widehat{35} = \overline{25}$. Diese Eigenschaft des *Längen*integrals

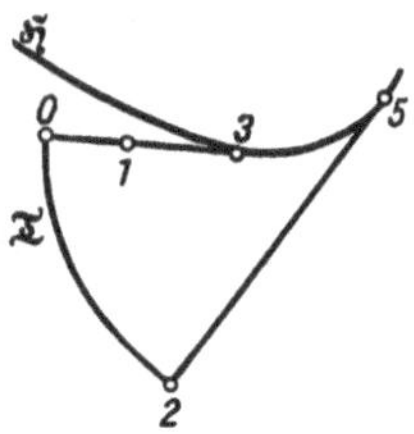

Abb. 10.

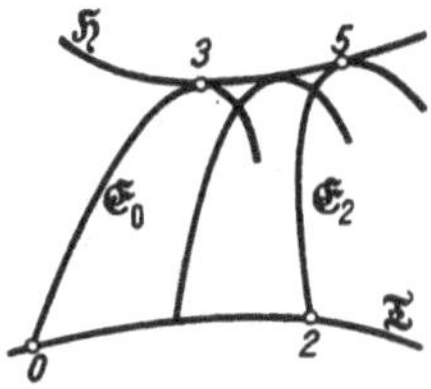

Abb. 11.

überträgt sich auf ein *beliebiges* Integral (5. 3) durch den Satz, den wir bei der Entartung von $\mathfrak{T}$ zu einem Punkte schon in § 23 als die „Evoluteneigenschaft" von $\mathfrak{H}$ bezeichneten: *Sind* 3 *und* 5 *die extremalen Brennpunkte von* $\mathfrak{T}$ *auf* $\mathfrak{E}_0$ *und* $\mathfrak{E}_2$ (Abb. 11), *so ist*

$$\bar{I}_{03} + I_{35} = \bar{I}_{25}, \tag{1}$$

wenn I_{35} *das längs der Hülle gebildete Integral bedeutet.* Dieser Hüllensatz veranschaulicht wie in § 23 die Grenzen des Extrems, an denen die Notwendigkeit der Jacobischen Bedingung offenbar wird.

§ 29. Beispiele

Bei den *Beispielen* 1 (§ 10) und 4 (§ 10, § 26) ist die Weierstraßsche Bedingung nach (17. 2) *im Felde* befriedigt. Daher liefert (Abb. 10) die Strecke 01 ein starkes Minimum des Weges von $\mathfrak{T}$ nach 1, wenn sie den zu 0 gehörigen Krümmungsmittelpunkt 3 nicht enthält.

Beispiel 4, a) (26. 3). Ein Parabelbogen 01 ($c = c_0$), der (Abb. 7) ein echter Teil des Bogens 06 von $\mathfrak{P}_4$ ist, ergibt ein starkes Minimum der Wirkung (24. 1)[2]). — Wir wollen

---
[1]) Vgl. A. Witting, Differentialrechnung, Slg. Göschen Bd. 87, 1949, S. 178.
[2]) Dort 2, 3 hier durch 0, 1 zu ersetzen.

hier den Hüllensatz bestätigen. Dabei bezeichnen wir den bisherigen Punkt 6 mit 3 wie in § 28, Abb. 11; 5 sei der Berührungspunkt einer andern Parabel 25 (26. 3), auf der $y_2 = 0$, $c = c_2$, mit $\mathfrak{H}$. Indem man (26. 3) nach c^2 ableitet, findet man, daß auf $\mathfrak{H}$

$$x + k = 2c^2 = y \tag{1}$$

ist. Durch Integration längs der Extremalen 03 erhält man für (24. 1), wenn man nach (26. 3) y als Veränderliche einführt, mit Hilfe von (1)

$$\begin{aligned} \bar{I}_{03} &= \frac{\sqrt{g}}{4c_0^3} \int\limits_{y_0}^{y_3} y^2 dy + c_0 \sqrt{g} \int\limits_{y_0}^{y_3} dy \\ &= \frac{\sqrt{g}}{4c_0^3} \frac{y^3}{3} \Big|_0^{2c_0^2} + c_0 \sqrt{g} \cdot 2c_0^2 = \frac{8\sqrt{g}}{3} c_0^3 . \end{aligned} \tag{2}$$

Längs der Hülle $\mathfrak{H}_{35}$ ergibt sich

$$I_{35} = \int\limits_{y_3}^{y_5} \sqrt{2g} \sqrt{y} dy = \frac{2\sqrt{2g}}{3} y^{\frac{3}{2}} \Big|_{2c_0^2}^{2c_2^2} = \frac{8\sqrt{g}}{3} (c_2^3 - c_0^3). \tag{3}$$

Aus (2) und (3) folgt (28. 1).

Beispiel 4, b) (26. 4). Ein Ellipsenbogen 01, der (Abb. 8) ein echter Teil des Bogens 06 von $\mathfrak{E}_4$ ist, ergibt ein starkes Minimum der Wirkung (10.11), wo $w = 2^{\frac{1}{2}} m^{-\frac{1}{2}} (\varkappa m M r^{-1} + h)^{\frac{1}{2}}$.

Die Behandlung der Aufgabe § 25, a) sei mit der Angabe beschlossen, wie man vorgeht (vgl. § 21), wenn sich die bei (15. 5) zu verwendende Gleichung (15. 1) nicht leicht herstellen läßt.

Man greift dann auf (21. 2) zurück und hat im Brennpunkte 4, wie in (21. 5),

$$dx = \mathfrak{x}_t \,|^4 dt_4 + \mathfrak{x}_b \,|^4 db + \mathfrak{x}_c \,|^4 dc = 0, \tag{4}$$

$$dy = \mathfrak{y}_t \,|^4 dt_4 + \mathfrak{y}_b \,|^4 db + \mathfrak{y}_c \,|^4 dc = 0 \tag{5}$$

zu setzen. Aus (4), (5) und dem durch (25. 17) zwischen b und c geschaffenen Zusammenhang $A(b, c) = 0$ in differentieller Gestalt

$$(6) \qquad \frac{\partial A}{\partial b}\,db + \frac{\partial A}{\partial c}\,dc = 0$$

entfernt man die Differentiale dt_4, db, dc; man erhält dann die mit $\Delta(t, a) = 0$ gleichwertige Beziehung, die den zu 4 gehörigen Wert t_4 liefert.

Wir wenden diese Bemerkung auf das *Beispiel* 1 (§ 29) an, bei dem man auch ohne sie auskäme. Die geraden Extremalen $y = bx + \beta$ stehen senkrecht auf der Kurve $\mathfrak{T}$ mit der Gleichung $y_0 = f(x_0)$, wenn

$$(7)\ y - f(x_0) = b(x - x_0), \quad (8)\ 1 + bf'(x_0) \equiv A(b, x_0) = 0$$

ist. Setzt man $t = x$, $dt_4 = dx_4 = 0$ und schreibt c statt x_0, so ergeben die Ansätze (5), (6)

$$(9) \qquad (x_4 - c)\,db + [f'(c) - b]\,dc = 0,$$

$$(10) \qquad f'(c)\,db + bf''(c)\,dc = 0.$$

Aus (9), (10) folgt mit Hilfe von (8), (7)

$$(11)\ x_4 - c = \frac{[f'(c) - b]\,f'(c)}{bf''(c)} = -\frac{1 + f'(c)^2}{f''(c)}\,f'(c),$$

$$(12) \qquad y_4 - f(c) = \frac{1 + f'(c)^2}{f''(c)};$$

(11), (12) besagen aber in der Tat[1]), daß 4 der Krümmungsmittelpunkt von $\mathfrak{T}$ in $(c, f(c))$ ist.

§ 30. Allgemeine Transversalität

Zu einer ergiebigen Verallgemeinerung des Transversalitätsbegriffes gelangt man durch folgende Aufgabe: *Man soll von einem nicht vorgeschriebenen Punkte* 0 *nach einem gegebenen* 1 *hin eine Kurve* $\mathfrak{A}$ *so ziehen, daß der Ausdruck*

$$(1) \qquad Z = Z_0 + I_{01}, \qquad I_{01} = \int_0^1 F(x, y, x', y')\,dt$$

ein Extrem wird, wo Z_0 *Funktion der Lage des Punktes* 0 *ist.*

[1]) Vgl. A. Witting, Differentialrechnung, Slg. Göschen Bd. 87, 1949, S. 176.

Da Z ein Extrem auch dann aufweisen soll, wenn man 0 als fest ansieht und also $0 = \delta Z = \delta I_{01}$ setzt, so muß $\mathfrak{A}$ Extremale von I_{01}, also nach (6. 13), (6. 26), (6. 27)

$$(2) \qquad \delta I_{01} = F_{x'} \delta x + F_{y'} \delta y \,\Big|_0^1 = - F_{x'} \delta x - F_{y'} \delta y \,\Big|^0$$

sein. Aus dem Ansatze $\delta Z = 0$ folgt mit Hilfe von (1), (2) und nach einem Vorzeichenwechsel

$$(3) \qquad - \delta Z_0 + (F_{x'} \delta x + F_{y'} \delta y) \,\Big|^0 = 0\,;$$

dies bezeichnet man als die *verallgemeinerte Transversalitätsbedingung.*

Zu manchen Zwecken (§ 32, § 33) ist es nützlich, Z als dritte Koordinate im Raume zu deuten. Der Punkt (x, y, Z) liegt dann auf einer Raumkurve, die der Differentialgleichung

$$(4) \qquad dZ = F(x, y, dx, dy)$$

genügt; man erkennt dies, wenn man (1) nach dem vorübergehend als veränderlich angesehenen Parameterwerte t_1 des Punktes 1 ableitet. Sucht man das Extrem von Z bei gegebener Lage von 1, so will man, ausgehend von der gegebenen Mannigfaltigkeit $\mathfrak{Z}$ der Werte (x_0, y_0, Z_0), auf einer die Gleichung (4) erfüllenden Raumkurve $\mathfrak{R}$ die Gerade $x = x_1, y = y_1$ in einem Punkte extremen Wertes von Z treffen. — Als Sonderfall erscheint die Aufgabe § 25, a): da ist $Z_0 = 0$, und daher sinkt $\mathfrak{Z}$ in die (x, y)-Ebene nieder. Bei der Aufgabe (5. 3) schrumpft $\mathfrak{Z}$ dort weiterhin in einen festen Punkt zusammen.

Indem wir diese Ausartungen zulassen, betrachten wir jetzt eine Schar $\mathfrak{e}$ von Extremalen des Integrals I_{01}, die die Bedingung (3) an einer Kurve $\mathfrak{T}$ befriedigen. $\mathfrak{e}$ läßt sich durch Gleichungen der Form (15. 1) darstellen, in denen a etwa die Lage von 0 auf $\mathfrak{T}$ bestimmt. Z_0 und t_0 seien reguläre Funktionen von a; bedeutet dann (t, a) den Punkt 1, so kann man nach (1)

$$(5) \qquad Z = Z_0 + I_{01} = \zeta(t, a)$$

setzen. Die Gleichungen

$$(6) \qquad x = \xi(t, a), \qquad y = \eta(t, a), \qquad Z = \zeta(t, a)$$

stellen bei festem a eine Raumkurve dar, die wir als eine *räumliche Extremale* $\mathfrak{R}$ bezeichnen. Sie schneidet nach dem Gesetze (3) die Kurve $\mathfrak{Z}$

$$x = \xi(t_0, a), \quad y = \eta(t_0, a), \quad Z = Z_0(a),$$

längs deren a sich ändert; die senkrechte Projektion von $\mathfrak{Z}$ auf die (x, y)-Ebene ist $\mathfrak{T}$. Der Ort aller Kurven $\mathfrak{R}$, wenn a sich ändert, ist eine Fläche $\mathfrak{S}$, von der in § 32, § 33 noch die Rede sein wird.

Der Hinlänglichkeitsbeweis läßt sich bei der Aufgabe (1) ganz wie in § 27 führen, so daß wir ihn hier übergehen. Gilt längs des zu untersuchenden Extremalenbogens $\mathfrak{E}$ die Jacobische Bedingung (15. 4), so heißt $\mathfrak{S}$ ein *räumliches Extremalenfeld* $\mathfrak{r}$, im besonderen ein *Kegelfeld* mit der Spitze $\mathfrak{Z}$ oder ein *keilförmiges Feld* mit der Schneide $\mathfrak{Z}$, wenn $\mathfrak{Z}$ ein Punkt oder eine Kurve ist. Wenn im Felde $\mathfrak{e}$ die Weierstraßsche Bedingung (§ 16) erfüllt ist, so liefert $\mathfrak{E}$ für (1) ein starkes Extrem; zu einem schwachen genügt in $\mathfrak{e}$ die Legendresche Bedingung (§ 19).

§ 31. Beispiele

Zu einer fesselnden Aufgabe der Art (30. 1) führt das *Beispiel* 5, § 10, wenn man nicht nur wie bisher den Widerstand $2\pi I_{01}$ von $\mathfrak{D}$ betrachtet, sondern (Abb. 12) den Drehkörper durch eine zu seinem Fortschreiten senkrechte Ebene, also durch eine kreisförmige Stirnfläche $\mathfrak{K}$ abschließt und nun fordert, daß $2\pi I_{01}$ mit dem Widerstande $2\pi Z_0 = 2\pi I_{20}$ von $\mathfrak{K}$ vereinigt ein Extrem werde.

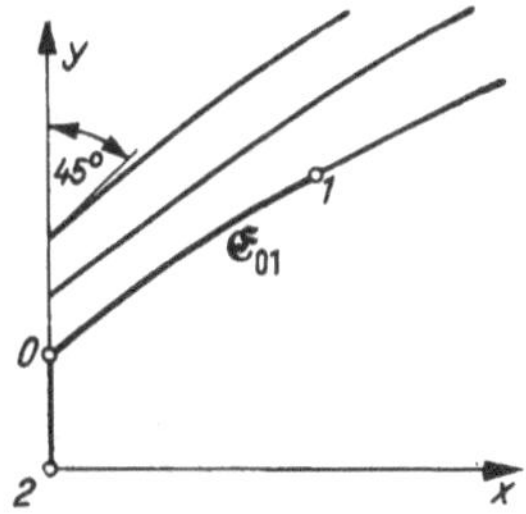

Abb. 12.

Nach dem Newtonschen Ansatze (10. 28)

$$I = \int \frac{y\,dy}{1 + p^{-2}}$$

hat man, da längs der y-Achse 20 die Größe $p^{-1} = 0$ ist,

$$Z_0 = I_{20} = \int_0^{y_0} y\,dy = \tfrac{1}{2} y_0^2, \quad \delta Z_0 = y_0 \delta y_0$$

zu setzen. Daher liefert (30. 3) an der Stelle 0, wo $\delta x = 0$, nach (26. 2)

$$(1) \qquad -y\delta y + y\frac{p^2(3+p^2)}{(1+p^2)^2}\,\delta y = 0,$$

$p^2 - 1 = 0, p = \pm 1$: die Extremale (10. 29), (10. 30) verläßt also die y-Achse unter dem Winkel $\pi/4$. Setzt man daher a. a. O. $p = 1$ für $x = 0$, so erhält man

$$y_0 = 2a, \quad 0 = \tfrac{7}{8} a + b,$$

mithin als Gleichungen des keilförmigen Feldes

$$(2) \qquad \begin{aligned} x &= \frac{y_0}{4}\left(\frac{3}{4}p^{-4} + p^{-2} + \log p - \frac{7}{4}\right), \\ y &= \frac{y_0}{4}\,\frac{(1+p^2)^2}{p^3} \quad (p > 0). \end{aligned}$$

Nun zu den hinreichenden Bedingungen! In (15.5) setzt man $t = p$, $a = y_0$: Es ist nach (2)

$$\frac{\partial x}{\partial y_0} = \frac{x}{y_0}, \quad \frac{\partial y}{\partial y_0} = \frac{y}{y_0};$$

mit den Werten (10. 31), (10. 32) findet man nach leichter Rechnung, bei der (10. 31) sofort als Faktor der Jacobischen Determinante erscheint,

$$\Delta(p, y_0) = \frac{\partial x}{\partial p}\frac{\partial y}{\partial y_0} - \frac{\partial y}{\partial p}\frac{\partial x}{\partial y_0}$$

$$= \frac{y_0}{4}\,\frac{(1+p^2)(p^2-3)}{4p^5}\left[\frac{1}{4}p^{-3} + p^{-1} + \frac{11}{4}p - p\log p\right].$$

Da nun p auf $\mathfrak{E}_{01}$ von seinem auf der y-Achse angenommenen Anfangswerte 1 abnimmt, ist stets $p \leqq 1$, $\log p \leqq 0$, der Inhalt der eckigen Klammer also entschieden positiv; wegen des negativen Faktors $p^2 - 3$ ist also Δ entschieden negativ. $\mathcal{E}$ aber kann hier außerordentlich verschwinden (§ 20), während die Legendresche Bedingung erfüllt ist (§ 20); daher ist auch hier nur ein schwaches Minimum gesichert, — dieses allerdings, wie lang auch $\mathfrak{E}_{01}$ sei.

Von anderer Art als in (1) ist die Transversalität (30. 3) bei folgender Abwandlung des *Beispiels* 1: Gegeben ist ein Punkt 1, eine Kurve $\mathfrak{T}$ und auf ihr ein Punkt 2; man soll von einem nicht vorgeschriebenen Punkte 0 der Kurve $\mathfrak{T}$ nach 1 eine Linie so ziehen, daß der Weg 201, dessen Teil 20 zu $\mathfrak{T}$ gehört, so kurz wie möglich wird. — 01 muß Extremale des Längenintegrals, also eine Gerade $\mathfrak{g}$ sein. Bezeichnet δ den Fortgang auf $\mathfrak{T}$, so hat man in (30. 3)

$$F(x', y') = \sqrt{x'^2 + y'^2},$$

$$Z_0 = \int_2^0 \sqrt{\delta x^2 + \delta y^2}, \quad \delta Z_0 = \sqrt{\delta x_0^2 + \delta y_0^2}$$

zu setzen; man erhält, wenn man den Zeiger 0 wegläßt,

$$-\sqrt{\delta x^2 + \delta y^2} + \frac{x'\delta x + y'\delta y}{\sqrt{x'^2 + y'^2}} = 0,$$

nach § 17 also $\cos\omega = 1$, wenn ω den Winkel von $\mathfrak{g}$ mit $\mathfrak{T}$ in 0 bedeutet: $\mathfrak{g}$ berührt also die Kurve $\mathfrak{T}$, wo sie sie verläßt. Es tritt hier der Ausnahmefall ein, den wir im Beweise des § 27 [vgl. (27. 5)] — und daher auch in § 30 — ausschlossen; wir gehen auf ihn nicht weiter ein.

§ 32. Der Knesersche Transversalensatz

Wenn man bei der Aufgabe des § 30 und ihren Sonderfällen § 25, a) und (5. 3) im Felde (15. 5) bleibt, lassen sich t und a wie in § 16 als reguläre Funktionen von x und y ausdrücken, also auch die Größe $Z = \zeta(t, a)$ in (30. 5). Sie genügt als solche, wie wir jetzt zeigen, beim Fortgange δ auf der Fläche $\mathfrak{S}$ des § 30 der Differentialgleichung

$$(1) \qquad -\delta Z + F_{x'}\delta x + F_{y'}\delta y = 0.$$

Zum Beweise bilden wir, indem wir in (3.1) $\delta = dt\frac{\partial}{\partial t} + da\frac{\partial}{\partial a}$

setzen, nach (6.13), (6.26), (6.27) die Variation von (30.5),

$$\delta Z = \delta Z_0 + \delta I_{01} = \delta Z_0 + (F_{x'}\delta x + F_{y'}\delta y)\,\Big|_0^1 .$$

Ersetzt man hierin die Größe δZ_0 durch ihren Wert (30. 3) und läßt den Zeiger 1 weg, so ergibt sich (1).

Man schneide $\mathfrak{S}$ mit einer waagerechten Ebene $Z =$ const. $= \mathfrak{z}$; die Schnittlinie, auf der $\delta Z = 0$, ist dann mit ihrem Grundriß $\mathfrak{Q}$ deckbar. Daher gilt längs $\mathfrak{Q}$ nach (1)

$$F_{x'}\delta x + F_{y'}\delta y = 0, \tag{2}$$

also die Transversalitätsbedingung im engeren Sinne. Hiermit ist der *Knesersche Transversalensatz*[1]) bewiesen: *Strahlt eine Schar von Extremalen* $\mathfrak{E}$ *von einer Kurve* $\mathfrak{T}$ *transversal im weiteren Sinne* (30. 3) *aus, und bestimmt man auf jeder Kurve* $\mathfrak{E}$ *den Punkt* 1 *so, daß der längs* $\mathfrak{E}$ *gebildete Ausdruck* Z *den festen Wert* $\mathfrak{z} = Z_0 + \bar{I}_{01}$ (30. 1) *hat, so wird der Ort* $\mathfrak{Q}$ *der Punkte* 1 *von den Kurven* $\mathfrak{E}$ *transversal im engeren Sinne* (25. 17) *geschnitten.*

Der Unterschied zwischen Transversalität im weiteren und engeren Sinne verschwindet, wenn $Z_0 = 0$ ist. Neue Vereinfachung, wenn $\mathfrak{T}$ in einen Punkt zusammenschrumpft; dann besagt der Satz dasselbe wie der Ausartungsfall des Hüllensatzes in § 28 (dort $\mathfrak{T}$ hier $\mathfrak{Q}$).

Der bekannteste Sonderfall des Transversalensatzes ergibt sich, wenn I_{01} die Bogenlänge auf einer krummen Fläche (§ 12) bedeutet und $Z_0 = 0$ ist. Dann ist nach (26. 1) die transversale Lage die senkrechte; wenn also gleichlange Bögen Kürzester in ihren Anfangspunkten auf einer Kurve senkrecht stehen, so schneiden sie auch den Ort ihrer Enden rechtwinklig.

Ein Bild, das die Extremalen und ihre Transversalen zeigt, heißt eine *vollständige Figur* der zugehörigen Variationsaufgabe. Dem eben angeführten einfachsten Beispiel einer solchen — der kürzesten Linien und ihrer senkrechten Schnittlinien — sei ein zweites hinzugefügt, das einige Rechnung erfordert, das *Beispiel* 4 (§ 26). Hier ist $Z_0 = 0$, I_{01} ist bis auf den Faktor $\sqrt{2}$ die Wirkung A (10. 11), also nach (10. 13), (26. 3)

[1]) A. Kneser, 1862—1930.

$$Z = \bar{I}_{01} = \sqrt{g} \int \sqrt{x+k}\, ds$$

$$= \sqrt{g}\, \frac{1}{4c^3} \int_0^y (4c^4 + \eta^2)\, d\eta = \sqrt{g} \left(cy + \frac{1}{12c^3} y^3\right)$$

$$= \frac{1}{3} \sqrt{g} \left[6c^2(x+k-c^2)^{1/2} + 2(x+k-c^2)^{3/2}\right]$$

$$= \frac{1}{3} \sqrt{g} \left[(c+\sqrt{x+k-c^2})^3 - (c-\sqrt{x+k-c^2})^3\right].$$

Da $(c \pm \sqrt{x+k-c^2})^2 = x + k \pm 2c\sqrt{x+k-c^2}$,

folgt weiter

$$(3) \qquad \begin{aligned} \bar{I}_{01} = \frac{1}{3} \sqrt{g} \, \Big[&(x+k+2c\sqrt{x+k-c^2})^{3/2} \\ &- (x+k-2c\sqrt{x+k-c^2})^{3/2}\Big]. \end{aligned}$$

Hiernach kann man $\bar{I}_{01}$ als Funktion des Ortes (x, y) im Felde ausdrücken; nach (26. 3) wird

$$(4) \qquad \frac{A}{\sqrt{2}} = \bar{I}_{01} = \frac{1}{3} \sqrt{g} \left[(x+k+y)^{3/2} - (x+k-y)^{3/2}\right].$$

Die Linien fester Wirkung (4) schneiden, wie der Leser bestätige, die Parabeln (26. 3) senkrecht[1]) (Abb. 13, durch die Abb. 7 vervollständigt wird).

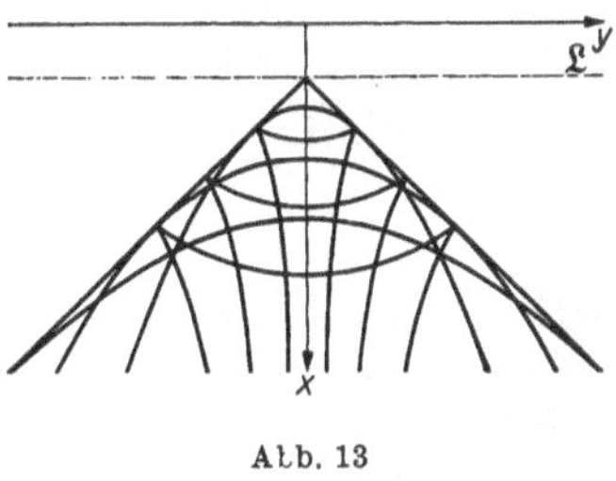

Abb. 13

[1]) Zur Bestimmung der senkrechten Schnittlinien vgl. z. B. G. Hoheisel, Gewöhnliche Differentialgleichungen, Slg. Göschen Bd. 920, 2. Aufl. 1930, S. 47.

§ 33. Die Hamiltonsche partielle Differentialgleichung

Beim Fortgang auf 𝔖 gilt nach (32. 1)

$$\delta Z = F_{x'} \delta x + F_{y'} \delta y. \tag{1}$$

𝔖 sei durch die Gleichung dargestellt

$$Z = W(x, y); \tag{2}$$

dann folgt aus (1)

$$\frac{\partial W}{\partial x} = F_{x'}, \tag{3}$$ $$\frac{\partial W}{\partial y} = F_{y'}. \tag{4}$$

Rechts erscheinen die Größen x', y' nach (5. 11), (5. 12) nur in der Verbindung $y'/x' = p$. Es sei möglich, p aus (4) auszurechnen,

$$p = g\left(x, y, \frac{\partial W}{\partial y}\right); \tag{5}$$

die Einsetzung dieses Wertes in (3) führt zu einer partiellen Differentialgleichung erster Ordnung für W,

$$H\left(x, y, \frac{\partial W}{\partial x}, \frac{\partial W}{\partial y}\right) = 0. \tag{6}$$

Wir behaupten: *Ist* $Z = W(x, y)$ *eine Lösung der Hamiltonschen Gleichung*[1] (6), *so sind die Kurven* 𝔊, *die man durch Integration der gewöhnlichen Differentialgleichung* (5) *erhält, Extremalen des Integrals*

$$I = \int F(x, y, x', y')\, dt, \tag{7}$$

und die Kurven $W =$ const. *sind deren Transversalen.*

Beweis: Die Schar 𝔤 der Kurven 𝔊 hat eine Gleichung der Form

$$\gamma(x, y; a) = 0, \tag{8}$$

wo a ein Integrations-Festwert ist. Von 𝔤 wird ein gewisses ebenes Gebiet Γ einfach überdeckt[2]); dort läßt sich (8) nach a als regulärer Ortsfunktion $a = \alpha(x, y)$ eindeutig auflösen.

[1]) W. R. Hamilton, 1805—1865.

[2]) Wegen der nötigen Annahmen über F, W vgl. G. Hoheisel, Gewöhnliche Differentialgleichungen, Slg. Göschen Bd. 920, 5. Aufl. 1956, S. 24f.

Auch p (5) ist in Γ eine Ortsfunktion. Dasselbe gilt von den Größen dx/ds, dy/ds, wo s die Bogenlänge auf einer Kurve $\mathfrak{G}$ (8) bedeutet, gemessen von einer beliebigen regulären Kurve an, die alle $\mathfrak{G}$ in Γ einmal durchschneidet; wir setzen $s = t$, $x' = dx/ds$ usw. Mit x', y' drücken sich auch $F(x, y, x', y')$, $F_{x'}$, $F_{y'}$ in Γ als reguläre Funktionen von x und y aus. Indem man sie als solche ansieht, findet man auf $\mathfrak{G}$ für $F_{x'}$ in (6.8)

$$\text{(9)} \qquad \frac{dF_{x'}}{dt} = \frac{\partial F_{x'}}{\partial x} x' + \frac{\partial F_{x'}}{\partial y} y',$$

wobei

$$\text{(10)} \qquad \frac{\partial F_{x'}}{\partial x} = F_{xx'} + F_{x'x'} \frac{\partial x'}{\partial x} + F_{x'y'} \frac{\partial y'}{\partial x};$$

im zweiten Summanden von (9) kann man nach (3), (4) setzen

$$\text{(11)} \quad \frac{\partial F_{x'}}{\partial y} = \frac{\partial F_{y'}}{\partial x} = F_{xy'} + F_{x'y'} \frac{\partial x'}{\partial x} + F_{y'y'} \frac{\partial y'}{\partial x}.$$

Führt man (10) und (11) in (9) ein, so verschwinden nach (5. 9), (5. 10) die Glieder mit den Faktoren $\partial x'/\partial x$ und $\partial y'/\partial x$, und es bleibt

$$\frac{dF_{x'}}{dt} = x' F_{xx'} + y' F_{xy'} = F_x$$

nach (5. 7), also wirklich (6. 26); (6. 27) gewinnt man entsprechend. — Der zweite Teil des Satzes ergibt sich so: Aus dem Ansatze $W(x, y) = Z = \text{const.}$ folgt nach (1) die Formel

$$F_{x'} \delta x + F_{y'} \delta y = 0,$$

und das ist die Transversalität (25. 17).

Statt der Transversalen, auf denen W fest ist, betrachten wir jetzt allgemeiner eine beliebige Kurve $\mathfrak{K}$, die mit jeder $\mathfrak{G}$ nur einen Punkt 0 gemeinsam hat; in 0 sei $t = t_0$ eine eindeutige Funktion von a, und $W = Z_0$. Auf $\mathfrak{G}$ gilt nach (2), (3), (4), (5. 6)

$$\frac{dZ}{dt} = \frac{\partial W}{\partial x} x' + \frac{\partial W}{\partial y} y' = x' F_{x'} + y' F_{y'} = F(x, y, x', y');$$

daher gibt eine Integration längs $\mathfrak{G}$, von $\mathfrak{K}$ an,

$$Z = Z_0 + \int_{t_0}^{t_1} F(x, y, x', y')\, dt = Z_0 + \overline{I}_{01}\,.$$

Ferner besteht auf $\mathfrak{K}$ nach (1) die Beziehung

$$-\delta Z_0 + (F_{x'}\delta x + F_{y'}\delta y)\,|^0 = 0,$$

$\mathfrak{K}$ ist also Transversale $\mathfrak{T}$ im weiteren Sinne (30. 3): mithin *liefert eine Lösung* (2) *der Hamiltonschen Gleichung* (6) *bei der Aufgabe des* § 30 *ein keilförmiges Extremalenfeld mit der Schneide* $\mathfrak{K}$. — Fortan verstehe man t wieder allgemein.

§ 34. Das Hamilton-Jacobische Verfahren zur Ermittlung der Extremalen

Die Bedeutung der Gleichung (33. 6) für die Aufgabe $\delta I = 0$ liegt in folgendem: Kann man eine geeignete Lösung von (33. 6) angeben — was häufig möglich ist —, so lassen sich die Extremalen des Integrals (33. 7) ohne neue Integration ermitteln. Es gilt nämlich folgender Satz: $W(x, y; \alpha)$ *sei eine Lösung der Hamiltonschen Gleichung, in der ein willkürlicher Festwert* α *so vorkommt, daß* $\partial W/\partial\alpha$ *nicht fest ist; dann liefert der Ansatz*

$$\frac{\partial W}{\partial \alpha} = \text{const.} = \beta \tag{1}$$

eine zweifache Schar von Extremalen $\mathfrak{G}$ *des Integrals* (33. 7), also in gewissem Sinne alle.

Zum *Beweise* zeigt man, daß auf den Kurven $\mathfrak{G}$

$$\frac{d}{dt}\frac{\partial W}{\partial \alpha} = 0 \quad \text{d. h.} \qquad (2) \quad \frac{\partial^2 W}{\partial x \partial \alpha}\, x' + \frac{\partial^2 W}{\partial y \partial \alpha}\, y' = 0$$

ist. Dazu leitet man die Gleichungen (33. 3), (33. 4) nach α ab; sieht man dabei von den rechts auftretenden Veränderlichen x, y, p nur p (33.5) als von α abhängig an, so erhält man

$$\frac{\partial^2 W}{\partial x \partial \alpha} = \frac{\partial F_{x'}}{\partial p}\,\frac{\partial p}{\partial \alpha}\,, \qquad \frac{\partial^2 W}{\partial y \partial \alpha} = \frac{\partial F_{y'}}{\partial p}\,\frac{\partial p}{\partial \alpha}\,.$$

Nun ist aber, weil $p = y'/x'$,

$$F_{x'y'} = \frac{\partial F_{x'}}{\partial p}\frac{\partial p}{\partial y'} = \frac{1}{x'}\frac{\partial F_{x'}}{\partial p}, \quad F_{y'y'} = \frac{1}{x'}\frac{\partial F_{y'}}{\partial p};$$

mithin wird

$$(3) \quad \frac{\partial^2 W}{\partial x \partial \alpha} = x' F_{x'y'}\frac{\partial p}{\partial \alpha}, \quad (4) \quad \frac{\partial^2 W}{\partial y \partial \alpha} = x' F_{y'y'}\frac{\partial p}{\partial \alpha}.$$

Setzt man (3) und (4) mit x' und y' zusammen und zieht (5. 10) heran, so findet man in der Tat die Formel (2).

§ 35. Ein Beispiel

Das Hamilton-Jacobische Verfahren führt in manchen Fällen zum Ziele, in denen die Integration der Eulerschen Gleichungen (6. 26), (6. 27) sehr mühsam wäre. Es folge ein Beispiel, bei dem ihre Vereinfachung zu (8. 9), (8. 10) ausbleibt, weil die Grundfunktion *beide* Koordinaten enthält. Bei der Aufgabe (12. 16) sei die gegebene Fläche $\mathfrak{F}$ *Liouvillesch*[1]), d. h. so beschaffen, daß in (12. 6), (12. 7), (12. 8)

$$E = G = \varphi(u) + \psi(v), \quad F = 0$$

ist, wo φ, ψ gegebene Funktionen sind. Die Kürzesten auf $\mathfrak{F}$ erhält man also nach (12. 16) aus dem Ansatz

$$(1) \qquad \delta \int \sqrt{\varphi(u) + \psi(v)}\sqrt{u'^2 + v'^2}\, dt = 0.$$

Die Formeln (33. 3), (33. 4) lauten hier mit u, v statt x, y

$$\frac{\partial W}{\partial u} = \sqrt{\varphi(u) + \psi(v)}\ \frac{u'}{\sqrt{u'^2 + v'^2}},$$

$$\frac{\partial W}{\partial v} = \sqrt{\varphi(u) + \psi(v)}\ \frac{v'}{\sqrt{u'^2 + v'^2}}.$$

Man entfernt aus ihnen v'/u' durch Quadrieren und Addieren; dadurch entsteht (33. 6) in der Gestalt

[1]) J. Liouville, 1809—1882.

$$\left(\frac{\partial W}{\partial u}\right)^2 + \left(\frac{\partial W}{\partial v}\right)^2 = \varphi(u) + \psi(v).$$

Der Versuch, eine Lösung W von der Form $\Phi(u) + \Psi(v)$ zu finden, ergibt

$$(2) \qquad \left(\frac{d\Phi}{du}\right)^2 - \varphi(u) = \psi(v) - \left(\frac{d\Psi}{dv}\right)^2.$$

Die Bestimmung von Φ und Ψ glückt, weil in (2) die linke Seite nur von u, die rechte nur von v abhängt und also beide denselben festen Wert α besitzen müssen:

$$\frac{d\Phi}{du} = \sqrt{\varphi(u) + \alpha}, \quad \frac{d\Psi}{dv} = \sqrt{\psi(v) - \alpha},$$

$$(3) \quad W = \Phi + \Psi = \int \sqrt{\varphi(u) + \alpha}\, du + \int \sqrt{\psi(v) - \alpha}\, dv.$$

Nach (34. 1) heißt daher die Gleichung der Extremalen

$$\int \frac{du}{\sqrt{\varphi(u) + \alpha}} - \int \frac{dv}{\sqrt{\psi(v) - \alpha}} = 2\beta.$$

Man kann die behandelte Aufgabe nicht nur dem *Beispiel* 6 (§ 12), sondern — bei Umbenennung von u, v in x, y — auch dem *Beispiel* 4 (§ 10) zurechnen: Hängt bei einer ebenen Bewegung die x-Komponente der wirkenden Kraft nur von x, ihre y-Komponente nur von y ab, so hat $U + h$ (10. 10) die Gestalt $\varphi(x) + \psi(y)$, und die Forderung an die Bahnkurven $\delta \int \sqrt{U + h}\, ds = 0$ stimmt mit (1) überein.

§ 36. Der Hilbertsche Unabhängigkeitssatz

In dem Felde $\mathfrak{e}$, das die von einer Kurve $\mathfrak{T}$ im weiteren Sinne transversal ausstrahlenden Extremalen bilden (§ 30), sind die Größen $F_{x'}$, $F_{y'}$ nach den auf (33. 8) folgenden Ausführungen reguläre Ortsfunktionen[1]). Daher kann man längs irgendeiner regulären in $\mathfrak{e}$ verlaufenden Kurve $\mathfrak{B}$ das Integral

[1]) Vgl. auch § 16: Als solche erkennt man wie dort die Größen t und a; daher sind es auch, wenn in t und a regulär, $x' = \xi'(t,a)$, $y' = \eta'(t,a)$, folglich ebenso $F_{x'}$, $F_{y'}$.

$$(1) \qquad H = \int_2^3 [F_{x'}(x,y,x',y')\,dx + F_{y'}(x,y,x',y')\,dy]$$

bilden, wie dies nach (33. 1) naheliegt; mit der Abkürzung $W_2 = W(x_2, y_2)$ usw. ergibt sich

$$(2) \qquad H = \int_2^3 dZ = Z\,|_2^3 = W_3 - W_2:$$

Das Integral (1) *ist vom Wege unabhängig.* Auf diesen *Hilbertschen Unabhängigkeitssatz*[1]) lassen sich die hinreichenden Bedingungen gründen; man kann aus ihm *erstens* den Ausdruck (27. 9) des Integralunterschiedes (27. 3) herleiten, was jetzt kurz geschehe.

Man bemerke zunächst, daß H, längs irgend eines Weges $\mathfrak{L}$ zwischen zwei Punkten 0, 1 derselben Extremale $\mathfrak{E}_{01}$ gebildet, gleich $\bar{I}_{01}$ ist. Wenn nämlich τ den Parameter auf $\mathfrak{L}$ bedeutet, so ist mit einem in § 16 erklärten Kurzzeichen

$$(3) \qquad H_{01} = \int_{\tau_0}^{\tau_1} [F_{x'}(x',y')\,\dot{x} + F_{y'}(x',y')\,\dot{y}]\,d\tau.$$

Wegen der Unabhängigkeit vom Wege kann man, statt entlang $\mathfrak{L}$, auch längs $\mathfrak{E}_{01}$ integrieren; dann erhält man, da die Feldextremale in jedem Punkte von $\mathfrak{E}_{01}$ mit $\mathfrak{E}_{01}$ zusammenfällt, und nach (5. 6) wirklich

$$H_{01} = \int_{t_0}^{t_1} [F_{x'}(x',y')\,x' + F_{y'}(x',y')\,y']\,dt = \int_0^1 F(x',y')\,dt,$$

$$(4) \qquad H_{01} = \bar{I}_{01}.$$

Da W nach § 33 auf den Transversalen T im engeren Sinne fest ist, so hat (1), zwischen zwei Punkten 0 und 2 einer solchen gebildet, den Wert 0; es ist also

$$(5) \qquad H_{02} = W_2 - W_0 = 0,$$

$$(6) \qquad H_{21} = W_1 - W_2 = W_1 - W_0 = H_{01}.$$

[1]) D. Hilbert, 1862—1943.

Aus (4) und (6) folgt für (27. 1) laut (16. 6) in der Tat

$$\mathfrak{D} = I_{21} - \bar{I}_{01} = I_{21} - H_{01} = I_{21} - H_{21}$$

$$= \int_{\tau_2}^{\tau_1} F(\dot{x},\dot{y})d\tau - \int_{\tau_2}^{\tau_1} [F_{x'}(x',y')\dot{x} + F_{y'}(x',y')\dot{y}]\,d\tau = \int_{\tau_2}^{\tau_1} \mathfrak{E}\,d\tau.$$

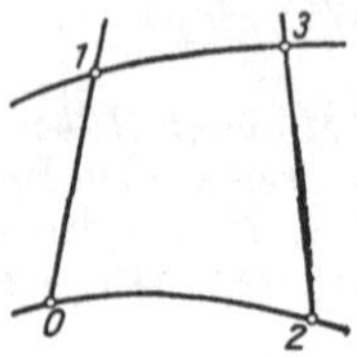

Abb. 14.

Zweitens soll mit Hilfe von (1) der Transversalensatz des § 32 bewiesen werden, — die Transversalität im engeren Sinne verstanden. Dazu betrachte man (Abb. 14) das von den Extremalen $\mathfrak{E}_{01}$, $\mathfrak{E}_{23}$ und den Transversalen T_{02}, T_{13} gebildete Viereck. Nach (4), (2) gilt

$$\bar{I}_{01} = H_{01} = W_1 - W_0,$$

$$\bar{I}_{23} = H_{23} = W_3 - W_2,$$

also, da $W_0 = W_2$, $W_1 = W_3$ ist nach (5), wirklich $\bar{I}_{01} = \bar{I}_{23}$.

Drittens folge ein Beweis des Hüllensatzes (§ 28, Abb. 11). Nach (4), (5) ist die rechte Seite von (28. 1)

$$\bar{I}_{25} = H_{25} = H_{20} + H_{03} + H_{35}, \quad (7)\ \bar{I}_{25} = \bar{I}_{03} + H_{35}.$$

Bildet man H_{35}, wie angängig, längs $\mathfrak{H}$, so kann man, wenn τ auf $\mathfrak{H}$ als Parameter dient, dort $x' = \nu(\tau)\,\dot{x}$, $y' = \nu(\tau)\,\dot{y}$ mit $\nu(\tau) > 0$ setzen entsprechend (23. 10). Da nach (5. 11), (5. 12) dann

$$F_{x'}(\nu\dot{x},\nu\dot{y}) = F_{\dot{x}}(\dot{x},\dot{y}),\quad F_{y'}(\nu\dot{x},\nu\dot{y}) = F_{\dot{y}}(\dot{x},\dot{y})$$

ist, erhält man, wiederum mit Hilfe von (5. 6),

$$(8)\quad H_{35} = \int_{\tau_3}^{\tau_5} [F_{\dot{x}}(\dot{x},\dot{y})\dot{x} + F_{\dot{y}}(\dot{x},\dot{y})\dot{y}]\,d\tau = \int_{\tau_3}^{\tau_5} F(\dot{x},\dot{y})\,d\tau = I_{35}.$$

Mit dem Werte (8) ergibt sich aus (7) der Hüllensatz.

Die Formeln (1), (4) können dazu dienen, das Grundintegral I_{01} als Funktion des Ortes 1 zu bestimmen; dies sei hier am *Beispiel* 4 gezeigt, bei dem $\bar{I}_{01}$ in § 32 auf andere Weise berechnet wurde. Vom Faktor $\sqrt{g}$ abgesehen, lauten die Formeln (33. 3), (33. 4), nach (9. 9), (9. 10) unhomogen geschrieben,

$$(33.\ 3)\qquad \frac{\partial W}{\partial x} = f - p f_p = \sqrt{x+k}\,\frac{1}{\sqrt{1+p^2}},$$

$$(33.\ 4)\qquad \frac{\partial W}{\partial y} = f_p = \sqrt{x+k}\,\frac{p}{\sqrt{1+p^2}}.$$

Um hieraus W nach (1) zu gewinnen, braucht man p als Ortsfunktion. Aus (26. 3) findet man $p = 2c^2/y$ oder, da (26. 3), nach c^2 aufgelöst,

$$2c^2 = x + k + \sqrt{(x+k)^2 - y^2}$$

ergibt,

$$(9)\qquad \begin{aligned} p &= \frac{1}{y}\left[x + k + \sqrt{(x+k)^2 - y^2}\right] \\ &= \frac{1}{2y}\left[(x+k+y)^{1/2} + (x+k-y)^{1/2}\right]^2; \end{aligned}$$

die erste dieser beiden Gestalten von p liefert

$$(10)\quad 1 + p^2 = (x+k)\,y^{-2}\left[(x+k+y)^{1/2} + (x+k-y)^{1/2}\right]^2.$$

Setzt man den zweiten Wert von p aus (9) und den Ausdruck (10) in die obigen Formeln (33. 3), (33. 4) ein, so erhält man nach kurzer Rechnung

$$\begin{aligned} dW &= \tfrac{1}{2}\left[(x+k+y)^{1/2} - (x+k-y)^{1/2}\right] dx \\ &\quad + \tfrac{1}{2}\left[(x+k+y)^{1/2} + (x+k-y)^{1/2}\right] dy; \end{aligned}$$

an der linearen Differentialform rechts bestätigt man sogleich die Integrierbarkeitsbedingung. Die zugehörige Stammfunktion wird

$$W(x, y) = \tfrac{1}{3}\left[(x+k+y)^{3/2} - (x+k-y)^{3/2}\right] + C;$$

der Festwert C ist, da die Extremalen von T d. h. der Achse $y_0 = 0$ ausgehen, null, und man kommt somit auch auf diese Weise zu (32. 4).

Abschnitt IV. Gebundene Extreme

§ 37. Die isoperimetrische Regel

Wir behandeln in diesem Abschnitt die folgende Aufgabe: *Man soll zwei gegebene Punkte* 0, 1 (*eine Kurve* $\mathfrak{K}_0$ *und einen Punkt* 1; *zwei Kurven* $\mathfrak{K}_0, \mathfrak{K}_1$) *durch eine solche reguläre Kurve* $\mathfrak{A}$ *verbinden, daß das Integral*

$$I_{01} = \int_0^1 F(x, y, x', y')\, dt \tag{1}$$

einen extremen Wert erhält, wenn ein Integral derselben Art

$$K_{01} = \int_0^1 G(x, y, x', y')\, dt \tag{2}$$

längs $\mathfrak{A}$ *einen vorgeschriebenen Wert* l *hat.* Als *Vergleichskurven* kommen von denen des § 14 nur diejenigen in Betracht, welche dem Integrale (2) gleichfalls den Wert l erteilen.

Um bei dieser sogenannten isoperimetrischen[1]) Aufgabe, zunächst im Falle fester Enden, notwendige Bedingungen des Extrems herzuleiten, betten wir die gefunden gedachte Kurve $\mathfrak{A}$ in eine Schar $\hat{\mathfrak{a}}$ von Nachbarn $\hat{\mathfrak{A}}$ ein, die entsprechend (8. 2) durch die Formeln dargestellt werde

$$\hat{x} = x + \frac{y'\alpha(t)}{x'^2 + y'^2}, \quad \hat{y} = y - \frac{x'\alpha(t)}{x'^2 + y'^2}.$$

Um den *beiden* Forderungen der Aufgabe zu genügen, lassen wir $\alpha(t)$ abweichend von § 8[2]) zunächst von *zwei* Parametern abhängen, indem wir mit zwei regulären Funktionen $\gamma_1(t), \gamma_2(t)$ ansetzen

$$\alpha(t) = \varepsilon_1\gamma_1(t) + \varepsilon_2\gamma_2(t), \quad \gamma_1(t_0) = \gamma_2(t_0) = \gamma_1(t_1) = \gamma_2(t_1) = 0.$$

Dann ist nach der Formel (2. 2) mit $\mathfrak{p} = 2$

---

[1]) d. h. auf gleichen Umfang bezüglichen (griech.).
[2]) Dort $\alpha(t) = \varepsilon\gamma(t)$.

$$\delta x = [\gamma_1(t)\, d\varepsilon_1 + \gamma_2(t)\, d\varepsilon_2] \frac{y'}{x'^2 + y'^2},$$

$$\delta y = [\gamma_1(t)\, d\varepsilon_1 + \gamma_2(t)\, d\varepsilon_2] \frac{-x'}{x'^2 + y'^2},$$

ferner die Verbindung (6. 14)

$$(3) \qquad v = y'\delta x - x'\delta y = \gamma_1(t)\, d\varepsilon_1 + \gamma_2(t)\, d\varepsilon_2 .$$

Man kann die Integrale (1) und (2) der Variation δ unterwerfen. Nach (6. 15), (6. 20), (6. 21) findet man

$$(4) \quad \delta I_{01} = \int_0^1 T v\, dt, \qquad (5) \quad \delta K_{01} = \int_0^1 U v\, dt;$$

U entsteht aus T (6. 12), indem man F durch G ersetzt. Wegen des verlangten Extrems von I_{01} und des vorgeschriebenen Wertes von K_{01} muß

$$(6) \qquad \delta I_{01} = 0, \qquad (7) \quad \delta K_{01} = 0$$

sein[1]) — zwei Forderungen, die sich zu kurzem Ausdruck der isoperimetrischen Aufgabe verwenden lassen.

Indem man die Fußmarken an I und K unterdrückt, kann man (4) und (5) in

$$(8) \quad \delta I = \delta_1 I + \delta_2 I, \qquad (9) \quad \delta K = \delta_1 K + \delta_2 K$$

zerlegen, wo, wenn man die Integrationsgrenzen 0, 1 wegläßt,

$$(10) \quad \delta_1 I = d\varepsilon_1 \int T\gamma_1(t)\, dt, \quad \delta_2 I = d\varepsilon_2 \int T\gamma_2(t)\, dt,$$

$$(11) \quad \delta_1 K = d\varepsilon_1 \int U\gamma_1(t)\, dt, \quad \delta_2 K = d\varepsilon_2 \int U\gamma_2(t)\, dt.$$

Setzt man die längs $\mathfrak{A}$ gebildeten Integrale

$$\hat{I} = \int_{t_0}^{t_1} F(\hat{x}, \hat{y}, \hat{x}', \hat{y}')\, dt = \mathfrak{F}(\varepsilon_1, \varepsilon_2),$$

$$\hat{K} = \int_{t_0}^{t_1} G(\hat{x}, \hat{y}, \hat{x}', \hat{y}')\, dt = \mathfrak{G}(\varepsilon_1, \varepsilon_2) = K = \mathfrak{G}(0, 0) = l, \text{[2])}$$

[1]) Aus (6) folgt nicht etwa (8.1); s. u. die Folgerung aus (16).
[2]) Die Auflösung dieser Gleichung nach ε_2 vermeidet man wie folgt.

so ist für $\varepsilon_1 = \varepsilon_2 = 0$ das Extrem von $\mathfrak{F}(\varepsilon_1, \varepsilon_2)$ bei gegebenem Werte l von $\mathfrak{G}(\varepsilon_1, \varepsilon_2)$ gefordert. Dazu muß nach den Regeln der Differentialrechnung

$$(12)\ \left(\frac{\partial \mathfrak{F}}{\partial \varepsilon_1}\right)_0 + \lambda \left(\frac{\partial \mathfrak{G}}{\partial \varepsilon_1}\right)_0 = 0, \quad (13)\ \left(\frac{\partial \mathfrak{F}}{\partial \varepsilon_2}\right)_0 + \lambda \left(\frac{\partial \mathfrak{G}}{\partial \varepsilon_2}\right)_0 = 0$$

sein mit einem von $\varepsilon_1, \varepsilon_2$ unabhängigen Faktor λ. Nun ist nach (2. 2)

$$\delta I = \left(\frac{\partial \mathfrak{F}}{\partial \varepsilon_1}\right)_0 d\varepsilon_1 + \left(\frac{\partial \mathfrak{F}}{\partial \varepsilon_2}\right)_0 d\varepsilon_2, \quad \delta K = \left(\frac{\partial \mathfrak{G}}{\partial \varepsilon_1}\right)_0 d\varepsilon_1 + \left(\frac{\partial \mathfrak{G}}{\partial \varepsilon_2}\right)_0 d\varepsilon_2;$$

der Vergleich mit (8), (9) ergibt wegen (10), (11)

$$\left(\frac{\partial \mathfrak{F}}{\partial \varepsilon_1}\right)_0 d\varepsilon_1 = \delta_1 I, \quad \left(\frac{\partial \mathfrak{F}}{\partial \varepsilon_2}\right)_0 d\varepsilon_2 = \delta_2 J,$$

$$\left(\frac{\partial \mathfrak{G}}{\partial \varepsilon_1}\right)_0 d\varepsilon_1 = \delta_1 K, \quad \left(\frac{\partial \mathfrak{G}}{\partial \varepsilon_2}\right)_0 d\varepsilon_2 = \delta_2 K.$$

Aus den mit $d\varepsilon_1, d\varepsilon_2$ vervielfachten Gleichungen (12), (13) erhält man somit

$$(14)\quad \delta_1 I + \lambda \delta_1 K = 0, \qquad (15)\quad \delta_2 I + \lambda \delta_2 K = 0.$$

Man kann aber $\gamma_2(t)$ immer so wählen, daß etwa $\delta_2 K \neq 0$ ist; denn das ginge nur dann nicht an, wenn diese Größe bei jeder Wahl von $\gamma_2(t)$ verschwände. Hieraus würde nach § 7 folgen, daß $U \equiv 0$ auf $\mathfrak{A}$, $\mathfrak{A}$ also Extremale beim freien Extrem von K wäre, was außer Betracht bleibe. — Mit $\delta_2 K \neq 0$ gibt (15) für λ einen bestimmten, von $\gamma_1(t)$ unbeeinflußten Wert, der fest ist, sobald man $\gamma_2(t)$ festlegt. Jetzt liefert (14) mit Hilfe von (10) und (11)

$$\int T\gamma_1(t)\,dt + \lambda \int U\gamma_1(t)\,dt = 0 \quad \text{oder} \quad (16)\quad \int V\gamma_1(t)\,dt = 0,$$

wo $V = T + \lambda U$[1]). Aus (16) schließt man, wiederum nach § 7, wegen der Willkürlichkeit von $\gamma_1(t)$, daß $V = 0$ ist. Dies ist *die isoperimetrische Regel*: *Die gesuchten*, als regulär und stetig gekrümmt angenommenen *Kurven müssen den*

[1]) λ ist nach (14), (10), (11) auch von $\gamma_2(t)$ unabhängig, wenn $\delta_1 K = 0$.

Eulerschen Differentialgleichungen genügen, die dem mit dem isoperimetrischen Festwert λ gebildeten Integrale

$$(17)\qquad L = I + \lambda K = \int_0^1 H(x, y, x', y')\,dt,$$

$$(18)\qquad H(x, y, x', y') = F(x, y, x', y') + \lambda\, G(x, y, x', y')$$

zugehören; sie müssen also die Gleichung der Art (8. 1)

$$(19)\qquad V \equiv H_{xy'} - H_{yx'} + (x'y'' - y'x'')\,H_1 = 0$$

oder die beiden Gleichungen der Art (6. 26), (6. 27)

$$(20)\quad H_x - \frac{dH_{x'}}{dt} = 0, \qquad (21)\quad H_y - \frac{dH_{y'}}{dt} = 0$$

erfüllen. Kurven dieser Art bezeichnen wir wieder als *Extremalen* $\mathfrak{E}$; sie hängen außer von λ von zwei Integrationsfestwerten a, b[1]) ab, bilden also eine *dreifache* Schar der Form

$$(22)\quad x = \mathfrak{x}(t, a, b, \lambda), \qquad (23)\quad y = \mathfrak{y}(t, a, b, \lambda).$$

a, b, λ bestimmen sich aus den Forderungen, daß $\mathfrak{E}$ durch zwei gegebene Punkte gehen (oder die beiden andern eingangs genannten Bedingungen befriedigen) und für K_{01} den Wert l geben soll.

Schließt man den Wert $\lambda = 0$ aus, also nach (18) den Fall, daß $\mathfrak{E}$ Extremale beim freien Extrem von I ist, so kann man die Extremalen durch jeden der beiden Ansätze

$$(24)\quad \delta(I + \lambda K) = 0, \qquad (25)\quad \delta(K + \lambda^{-1} I) = 0$$

kennzeichnen; da sich (25) auch ergäbe, wenn man das Extrem von K bei vorgeschriebenem Werte von I suchte[2]), so ändern sich die Extremalen nicht, wenn man die Integrale I und K vertauscht.

---

[1]) Vgl. (8.7).
[2]) Man nennt dies die zu (24) reziproke Aufgabe.

§ 38. Beispiele

Die einfachste isoperimetrische Aufgabe ist das in § 1, c) gestellte Problem der Königin Dido, bei dem sich die Sehne 01 durch einen beliebigen Bogen $\mathfrak{B}_{01}$ ersetzen läßt (Abb. 15). Wir behandeln dieses *Beispiel* 7 in der homogenen Form, die sich durch folgende Bemerkung glättet: Wenn ein Punkt 7 die gesuchte Kurve $\mathfrak{C}_{01}$ durchläuft, so beschreibt der Fahrstrahl 87 vom Ursprung 8 aus eine Fläche

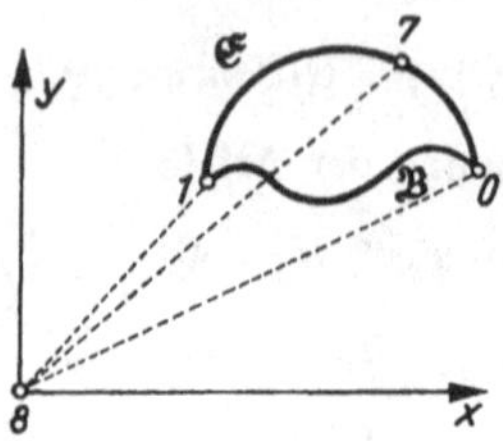

Abb. 15.

$$(1) \qquad I_{01} = \tfrac{1}{2} \int_0^1 (xy' - yx')\, dt,$$

die sich von der möglichst groß zu machenden zwischen $\mathfrak{B}$ und $\mathfrak{C}$ um ein von der Wahl der Linie $\mathfrak{C}$ unabhängiges Flächenstück unterscheidet. Daher kann man das Extrem von I_{01} fordern bei gegebenem Werte der Bogenlänge

$$(2) \qquad K_{01} = \int_0^1 \sqrt{x'^2 + y'^2}\, dt.$$

Nach (37. 18), (37. 19) und (5. 13) ist, da hier laut (1), (2)

$$F = \tfrac{1}{2} (xy' - yx'), \quad G = \sqrt{x'^2 + y'^2}:$$

$$(3) \qquad H = \tfrac{1}{2} (xy' - yx') + \lambda \sqrt{x'^2 + y'^2},$$

$$(4) \qquad H_1 = \lambda (x'^2 + y'^2)^{-3/2},$$

$$(5) \qquad V \equiv \frac{1}{2} + \frac{1}{2} + \lambda \frac{x'y'' - y'x''}{(x'^2 + y'^2)^{3/2}} = 0.$$

In (5) ist der Faktor von λ die Krümmung $\varkappa$[1]; diese ist mithin fest, $\mathfrak{C}$ folglich ein *Kreis* vom Halbmesser $|\lambda|$.

[1]) Vgl. A. Witting, Differentialrechnung, Slg. Göschen Bd. 87, 1949, S. 170.

Das Vorzeichen von $\varkappa$ ist dem von λ entgegengesetzt; ist also $\lambda < 0$ oder $\lambda > 0$, so ist die Richtung zum Krümmungs-, d. h. zum Kreis-Mittelpunkte gegen die Richtung wachsender t um $+\pi/2$ oder $-\pi/2$ gedreht, wird daher $\mathfrak{C}$ bei zunehmendem t im positiven oder negativen Sinne durchlaufen.

Wäre man von den Gleichungen (37. 20), (37. 21)

$$H_x - H_{x'}' = y' - \lambda\left(\frac{x'}{\sqrt{x'^2 + y'^2}}\right)' = 0,$$

$$H_y - H_{y'}' = -x' - \lambda\left(\frac{y'}{\sqrt{x'^2 + y'^2}}\right)' = 0$$

ausgegangen, so hätte man durch Integration gefunden

$$x - a = -\lambda\frac{y'}{\sqrt{x'^2 + y'^2}}, \tag{6}$$

$$y - b = \lambda\frac{x'}{\sqrt{x'^2 + y'^2}} \tag{7}$$

mit festen a, b. Quadriert man (6) und (7) und addiert, so gelangt man wieder zum Kreise

$$(x - a)^2 + (y - b)^2 = \lambda^2 \tag{8}$$

vom Halbmesser $|\lambda|$.

Zwischen den gegebenen Punkten 0, 1 kann man, wenn $l > |01|$, zwei Kreisbögen von der gegebenen Länge l ziehen, die sich durch den Umlaufssinn unterscheiden[1]).

Beispiel 8. Wie in der Mechanik gezeigt wird, ergibt sich die *Gleichgewichtslage* $\mathfrak{g}$ *eines Fadens* aus der Forderung, daß bei gegebener Fadenlänge (2) die potentielle Energie ein Minimum werde. Haben also die auf die Einheit der Fadenlänge s wirkenden Kräfte das Potential U, so ist $\mathfrak{g}$ Extremale der isoperimetrischen Aufgabe, die nach (37. 6), (37. 7) lautet

[1]) Dieser wird in § 42 festgesetzt. — Vom Beweise der voraufgehenden Bemerkung sei abgesehen.

$$(9) \qquad \delta \int U\,ds = 0, \quad \delta \int ds = 0.$$

Wenn auf den gleichartig gedachten Faden nur die Schwerkraft wirkt, so heißt $\mathfrak{g}$ die *Kettenlinie*[1]) $\mathfrak{k}$, die in der seine Enden enthaltenden senkrechten (x, y)-Ebene hängt; da bei senkrecht aufwärts gerichteter y-Achse $U = -gy$ gesetzt werden kann, dient zur Bestimmung von $\mathfrak{k}$ der Ansatz (37. 24),

$$(10) \qquad \delta \int (y + \lambda)\,ds = 0.$$

Man kann $\mathfrak{k}$ auch als die Kurve der (x, y)-Ebene deuten, deren Schwerpunkt möglichst tief liegt; denn dessen Höhe ist ja[2])

$$\mathfrak{y} = \frac{\int y\,ds}{\int ds},$$

und bei gegebenem Nenner von $\mathfrak{y}$ das Minimum des Zählers zu fordern, läuft auf (10) hinaus. Nun unterscheidet sich diese Aufgabe von (10. 3) nur dadurch, daß y durch $y + \lambda$ ersetzt ist; daher ergibt sich nach (10. 4) als Gleichung der Extremalen

$$(11) \qquad y + \lambda = a \operatorname{Cof} \frac{x - b}{a}.$$

Diese sind nach oben hohl für $a > 0$.

Zwischen zwei gegebenen Punkten 0, 1 $(x_0 < x_1)$ kann man, wenn $l > |\,01\,|$, gerade eine solche Kette von gegebener Länge l aufhängen. Beweis: Nach (11) ist

$$(12) \qquad y_1 - y_0 = a\left(\operatorname{Cof} \frac{x_1 - b}{a} - \operatorname{Cof} \frac{x_0 - b}{a}\right),$$

ferner

$$p = \operatorname{Sin} \frac{x - b}{a}, \quad \sqrt{1 + p^2} = \operatorname{Cof} \frac{x - b}{a},$$

daher

$$(13) \quad l = \int_{x_0}^{x_1} \sqrt{1 + p^2}\,dx = a\left(\operatorname{Sin} \frac{x_1 - b}{a} - \operatorname{Sin} \frac{x_0 - b}{a}\right).$$

[1]) Dies die Erklärung des schon in (10. 4) gebrauchten Namens.

[2]) Vgl. W. Döring, Einführung in die theoretische Physik I, Slg. Göschen Bd. 76, S. 46.

Aus (12) und (13) folgt

$$l^2 - (y_1 - y_0)^2 = a^2\left(-2 + 2\,\mathfrak{Cof}\,\frac{x_1 - x_0}{a}\right)$$

$$= 4a^2\,\mathfrak{Sin}^2\,\frac{x_1 - x_0}{2a}\,.$$

Mithin hat man, wenn man $(x_1 - x_0)/2a = v$ setzt, die transzendente Gleichung

$$\frac{l^2 - (y_1 - y_0)^2}{(x_1 - x_0)^2} = \frac{\mathfrak{Sin}^2 v}{v^2} \tag{14}$$

nach v aufzulösen. Wegen $l > |\,01\,|$ ist die gegebene linke Seite größer als 1. Die rechte wächst für $0 < v < \infty$ von 1 bis ∞: denn für die Ableitung der Funktion $\varphi(v) = \mathfrak{Sin}\,v/v$ gilt $v^2\varphi'(v) = \psi(v) = v\,\mathfrak{Cof}\,v - \mathfrak{Sin}\,v$, und $\psi(v)$ wächst mit $v > 0$ von $\psi(0) = 0$ aus beständig, weil $\psi'(v) = v\,\mathfrak{Sin}\,v > 0$; es ist also $\varphi'(v) > 0$, $\varphi(v)$ nimmt zu. Daher hat (14) genau eine positive Wurzel v, aus der sich $a = (x_1 - x_0)/2v$ ergibt. Um zweitens b zu finden, teilt man (12) durch (13), nachdem man in beiden Formeln den Summensatz der Hyperbelfunktionen[1]) angewandt hat:

$$\frac{y_1 - y_0}{l} = \mathfrak{Tg}\,\frac{x_1 + x_0 - 2b}{2a}\,;$$

$$b = \frac{x_0 + x_1}{2} - \frac{a}{2}\log\frac{l + y_1 - y_0}{l - y_1 + y_0}\,.$$

Den dritten Festwert λ entnimmt man aus (11) mit $x = x_0$, $y = y_0$.

Beispiel 9. $\delta\int x f(p)\,dx = 0, \quad \delta\int y f(p)\,dx = 0\,.$

Aus dem gleichen Grunde wie in § 35 tritt hier die Vereinfachung (9. 17), (9. 18) der Gleichungen (37. 20), (37. 21) *nicht* ein. Man kann sie aber dadurch herbeiführen, daß man

[1]) Vgl. A. Witting, Differentialrechnung, Slg. Göschen Bd. 87, 1949, S. 45.

$$(15)\qquad x+\lambda y=\mathfrak{y}\,,\quad \frac{d\mathfrak{y}}{dx}=1+\lambda p=\mathfrak{p}$$

und die gegebene Funktion $f(p)$ und ihre Ableitungen

$$(16)\quad f(p)=\mathfrak{g}(\mathfrak{p}),\quad f'(p)=\lambda\mathfrak{g}'(\mathfrak{p}),\quad f''(p)=\lambda^2\mathfrak{g}''(\mathfrak{p})$$

setzt; dann nimmt unsere Aufgabe nämlich die Gestalt (10. 25) an,

$$\delta\int \mathfrak{y}\,\mathfrak{g}(\mathfrak{p})\,dx=0\,.$$

Für die zugehörigen Extremalen gilt nach (10. 26) und (16)

$$\mathfrak{y}=\frac{-a}{\mathfrak{g}(\mathfrak{p})-\mathfrak{p}\,\mathfrak{g}'(\mathfrak{p})}=\frac{b}{\lambda[f(p)-pf'(p)]-f'(p)}\,,\; b=-a\lambda\,;$$

ferner mit $\mathfrak{y}=a\mathfrak{h}(\mathfrak{p})$ nach (10. 27) und (15)

$$(17)\quad x=a\int\frac{\mathfrak{h}'(\mathfrak{p})\,d\mathfrak{p}}{\mathfrak{p}}=b\int\frac{f''(p)\,dp}{\{\lambda[f(p)-pf'(p)]-f'(p)\}^2}\,,$$

$$(18)\qquad y=\frac{b}{\lambda}\,\frac{1}{\lambda[f(p)-pf'(p)]-f'(p)}-\frac{x}{\lambda}\,.$$

In dieser Lösung der allgemeinen Aufgabe setzen wir im besonderen

$$(19)\qquad f(p)=\sqrt{1+p^2}\;;$$

dann handelt es sich darum, die Kurve zu finden, die bei Drehung um die y-Achse die Fläche *kleinsten* Inhalts, bei Drehung um die x-Achse eine Fläche *gegebenen* Inhalts erzeugt. Mit (19) geben die Formeln (17), (18)

$$x=b\int\frac{dp}{(p-\lambda)^2\sqrt{1+p^2}}\,,\quad y=-\frac{b}{\lambda}\,\frac{\sqrt{1+p^2}}{p-\lambda}-\frac{x}{\lambda}\,.$$

die leicht zu leistende Integration bleibe unausgeführt.

§ 39. Weierstraßsche Konstruktion und Jacobische Bedingung

Zu hinreichenden Bedingungen des Extrems bei der Aufgabe des § 37, zunächst zwischen festen Enden, gelangt man entsprechend § 14 — § 16 durch die *Weierstraßsche Konstruktion*; man hat sie hier, um später die Gebundenheit des Extrems zu berücksichtigen, in folgender Weise auszugestalten: Es sei 01 (Abb. 16) der zu untersuchende Bogen der Extremale 𝔈, 2 ein auf 𝔈 gelegener Punkt der in § 14 angegebenen Art; man betrachtet — als Teilschar von (37. 22), (37. 23) — die *Doppelschar* 𝔢 von Extremalen 𝔚 durch 2

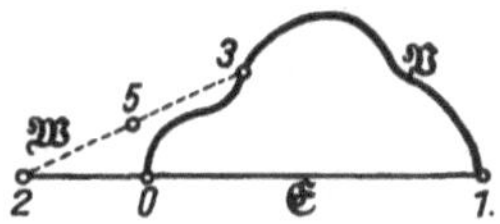

Abb. 16.

$$(1) \qquad x = \xi(t, a, b), \qquad y = \eta(t, a, b),$$

der 𝔈 für $a = a_0$, $b = b_0$ angehört. Auf einer beliebigen dieser Kurven 𝔚 wandere der Punkt 5: Man berechne längs 𝔚 das Integral

$$(2) \quad z = \overline{K}_{25} = \int_{t_2}^{t_5} G(\xi, \eta, \xi_t, \eta_t)\, dt = \omega(t_5, a, b);$$

es ist auf 𝔈 und den Nachbarn 𝔚 von 𝔈 eine reguläre Funktion von t_5, a, b, weil t_2 [vgl. (15. 8), (15. 9)] eine reguläre Funktion von a und b ist auf Grund der Gleichungen

$$x_2 = \xi(t_2, a, b), \qquad y_2 = \eta(t_2, a, b).$$

Es empfiehlt sich, z als dritte Koordinate zu deuten[1]) und statt (1) die *Raum*kurven

$$(3) \quad x = \xi(t, a, b), \quad y = \eta(t, a, b), \quad z = \omega(t, a, b)$$

heranzuziehen. Man bilde die Funktionaldeterminante

$$(4) \qquad \frac{\partial(\xi, \eta, \omega)}{\partial(t, a, b)} = \begin{vmatrix} \xi_t & \eta_t & \omega_t \\ \xi_a & \eta_a & \omega_a \\ \xi_b & \eta_b & \omega_b \end{vmatrix} = \Delta(t, a, b)$$

[1]) Diese räumliche Deutung ist von anderer Art als in § 30.

und nehme an, es sei

$$(5) \qquad \Delta(t, a_0, b_0) \neq 0 \quad \text{für} \quad t_2 < t \leqq t_1;$$

diese Voraussetzung heiße die *Jacobische Bedingung*. Sie hat nach § 13 die Folge, daß das Stück der nach (3) räumlich aufgefaßten Extremale $\mathfrak{E}$

$$(6) \qquad x = \xi(t, a_0, b_0), \quad y = \eta(t, a_0, b_0), \quad z = \omega(t, a_0, b_0),$$

dessen Enden die Punkte $0'(t = t_0)$, $1'(t = t_1)$ sind, in einem Gebiete $\mathfrak{r}$ verläuft, das die Kurven (3) gerade einfach bedecken; $\mathfrak{r}$ heiße ein *räumliches Feld*.

Um auch die Vergleichskurven $\mathfrak{B}$, die nach (37. 2) alle

$$(7) \qquad K_{01} = \overline{K}_{01} = l$$

ergeben, räumlich auszustatten, trage man in einem beliebigen Punkte 3 von $\mathfrak{B}$ den Wert

$$(8) \qquad z = z_3 = \overline{K}_{20} + K_{03}$$

als dritte Koordinate auf. Dadurch entsteht eine Raumkurve $\mathfrak{B}'$, die die Punkte $0'$ und $1'$ verbindet; denn zu 0 und 1 gehören nach (8) die Werte $z_0 = \overline{K}_{20}$ und wegen (7)

$$z_1 = \overline{K}_{20} + K_{01} = \overline{K}_{20} + \overline{K}_{01} = \overline{K}_{21},$$

wie sie (6) in $0'$ und $1'$ fordert.

$\mathfrak{B}'$ verbleibe ganz in $\mathfrak{r}$. Dann kann man durch jeden Punkt $3'$ von $\mathfrak{B}'$ nach § 13 gerade eine Kurve (3) legen; die Werte (2) für $t_5 = t_3 = t$ und (8) stimmen überein,

$$(9) \qquad \omega(t, a, b) = \overline{\overline{K}}_{23} = \overline{K}_{20} + K_{03} = \Lambda.$$

In der Ebene spricht man von der Möglichkeit der *Weierstraßschen Konstruktion*: Man kann durch jeden Punkt 3 von $\mathfrak{B}$ gerade eine Extremale (1) ziehen, so daß (9) gilt. Die zum Punkte 3 gehörigen Werte t, a, b sind (vgl. § 16) reguläre Funktionen seiner Koordinaten x, y, z; dasselbe gilt von dem Integral

$$(10) \qquad \overline{I}_{23} = \int_{t_2}^{t_3} F(\xi, \eta, \xi_t, \eta_t)\, dt.$$

Das Gebiet $\mathfrak{r}$, dem $\mathfrak{B}'$ angehört, ist eine weitere Nachbarschaft von $\mathfrak{R}$ (6) im *Raume*. Man beachte, daß einer weiteren Nachbarschaft $\mathfrak{U}$ von $\mathfrak{E}$ in der *Ebene* nicht eine Nachbarschaft von $\mathfrak{R}$ zu entsprechen braucht; denn sind 3 und 6 nahe Punkte (13. 7) auf $\mathfrak{B}$ und $\mathfrak{E}$, so können sich die Werte z_3 (8) und (2) $z_6 = \overline{K}_{26}$ merklich unterscheiden. Wohl aber entspricht einer *engeren* Nachbarschaft $\mathfrak{u}$ von $\mathfrak{E}$ (§ 19) eine Nachbarschaft von $\mathfrak{R}$; denn in einer solchen weichen nach (37. 2) auch die dritten Koordinaten z_3 und z_6 nur wenig voneinander ab.

§ 40. Die Weierstraßsche Bedingung

Wir betrachten die Größe $W(\tau)$ (14. 2) mit der Eigenschaft (14. 3). Indem wir uns der Bezeichnungen des § 14 bedienen, berechnen wir die Ableitung $\dot{W}(\tau)$ und finden für ihren Minuenden den Wert (16. 1)

$$(1) \qquad \frac{dI_{03}}{d\tau} = F(x, y, \dot{x}, \dot{y})\,|^3.$$

Auf ihren Subtrahenden $\dot{\overline{I}}_{23}$ trifft nicht (16. 3) zu — denn diese Formel bezieht sich aufs *freie* Extrem (6. 26) —; vielmehr hat man (6. 6) anzuwenden und erhält

$$(2) \qquad \delta \overline{I}_{23} = \frac{d\overline{I}_{23}}{d\tau}\, d\tau = F_{x'}\delta x + F_{y'}\delta y \,\Big|_2^3 + \int_2^3 (P\delta x + Q\,\delta y)\, dt.$$

Hierin fallen rechts, weil 2 fest ist, die vom Integralzeichen freien Glieder an der unteren Grenze weg. Ebenso ist

$$(3) \qquad \delta \overline{K}_{23} = G_{x'}\delta x + G_{y'}\delta y\,|^3 + \int_2^3 (R\delta x + S\delta y)\, dt,$$

$$(4) \qquad R = G_x - G_{x'}{}', \quad S = G_y - G_{y'}{}'.$$

Nun kann man die Eulerschen Gleichungen (37. 20), (37. 21) von $\mathfrak{W}_{23}$ mit dem dieser Extremale in (37. 15) zugehörigen Festwert λ nach (37. 18) und (4) in der Form schreiben

$$(5) \qquad P + \lambda R = 0, \qquad (6) \quad Q + \lambda S = 0;$$

vervielfacht man daher den Ausdruck (3) mit λ und fügt ihn zu (2) hinzu, so erhält man nach (5), (6)

$$(7) \qquad \delta \bar{I}_{23} + \lambda \delta \bar{K}_{23} = H_{x'} \delta x + H_{y'} \delta y \,|^3.$$

Indem man rechts den Zeiger 3 weglasse, schreibe man statt (7)

$$(8) \qquad \frac{d\bar{I}_{23}}{d\tau} + \lambda \frac{d\bar{K}_{23}}{d\tau} = H_{x'} \dot{x} + H_{y'} \dot{y}.$$

Da aber nach (1) und (39. 9)

$$\frac{d\bar{K}_{23}}{d\tau} = \frac{dK_{03}}{d\tau} = G(x, y, \dot{x}, \dot{y})$$

ist, findet man aus (8), wenn man x, y wie in § 18 unbezeichnet läßt,

$$(9) \qquad \frac{d\bar{I}_{23}}{d\tau} = -\lambda G(\dot{x}, \dot{y}) + \dot{x} H_{x'}(x', y') + \dot{y} H_{y'}(x', y');$$

mit Hilfe von (1), (9) liefert (14. 2)

$$(10) \qquad \frac{dW}{d\tau} = H(\dot{x}, \dot{y}) - \dot{x} H_{x'}(x', y') - \dot{y} H_{y'}(x', y').$$

Die rechte Seite ist die *Weierstraßsche $\mathcal{E}$-Funktion* (16. 6), *mit der Funktion H* statt mit der Funktion *F gebildet.* Laut (14. 3) ist der Unterschied $\mathfrak{D} = I_{01} - \bar{I}_{01}$, auf den es ankommt, als das Integral der $\mathcal{E}$-Funktion darstellbar,

$$(11) \qquad \mathfrak{D} = \int_{\tau_0}^{\tau_1} \mathcal{E}(x, y, x', y', \dot{x}, \dot{y})\, d\tau.$$

Dabei ist λ, das nach dem vor (39. 1) Gesagten eine Funktion von a und b ist, zufolge der Bemerkung vor (39. 10) in $\mathfrak{r}$ eine Ortsfunktion.

Nach § 39 und (11) *liefert $\mathfrak{E}$ ein starkes Extrem, wenn an den Vergleichskurven die Weierstraßsche Konstruktion möglich und*

$$(12) \qquad \int_{\tau_0}^{\tau_1} \mathcal{E}\, d\tau \neq 0$$

von festem Vorzeichen ist. Aus (39. 5) folgt die Möglichkeit der Weierstraßschen Konstruktion nach der Bemerkung am Schlusse des § 39 zunächst nur in engerer Nachbarschaft von $\mathfrak{C}$; daher *sichern die Jacobische und die Weierstraßsche Bedingung* (12) *dem Integrale I auf* $\mathfrak{C}$ *wenigstens ein schwaches Extrem.*

§ 41. Abwandlung der hinreichenden Bedingungen

(40. 12) ist erfüllt, wenn $\mathcal{E}$ auf $\mathfrak{B}$ sein Vorzeichen nicht wechselt und dort nicht durchweg verschwindet. Man braucht aber wie in § 16 nur anzunehmen, daß $\mathcal{E}$ auf $\mathfrak{B}$ nicht überall *außerordentlich* verschwinde. Denn verschwände $\mathcal{E}$ dort überall ordentlich, so wäre auf $\mathfrak{B}$ nach (16. 9).

$$(1) \qquad \dot{x} = \frac{d\xi}{d\tau} = \mu\xi_t, \quad \dot{y} = \frac{d\eta}{d\tau} = \mu\eta_t, \quad \mu > 0.$$

Nun ist aber nach (39. 9)

$$\dot{\omega} = \dot{K}_{03} = G(x, y, \dot{x}, \dot{y}),$$

folglich nach (1), (5. 5) und (39. 2)

$$(2) \qquad \dot{\omega} = G(x, y, \mu\xi_t, \mu\eta_t) = \mu\omega_t.$$

Es ergäben sich also mit (1), (2) die drei Beziehungen

$$\xi_t(\dot{t} - \mu) + \xi_a\dot{a} + \xi_b\dot{b} = 0,$$
$$\eta_t(\dot{t} - \mu) + \eta_a\dot{a} + \eta_b\dot{b} = 0,$$
$$\omega_t(\dot{t} - \mu) + \omega_a\dot{a} + \omega_b\dot{b} = 0;$$

aus diesen in $\dot{t} - \mu, a, b$ linearen homogenen Gleichungen, deren Determinante nach (39. 5) von Null verschieden ist, schlösse man

$$\dot{t} - \mu = 0, \quad \dot{a} = 0, \quad \dot{b} = 0.$$

a und b wären also während der Weierstraßschen Konstruktion fest, also gleich ihren Werten für $\tau = \tau_0$; es wäre ständig $a = a_0$, $b = b_0$, $\mathfrak{V}$ fiele also mit $\mathfrak{E}$ zusammen — was außer Betracht bleiben kann.

Wir geben auch der Jacobischen Bedingung wie in § 15 noch eine andere Gestalt. Aus der festen Lage (§ 39) des Punktes 2, also der Unveränderlichkeit der Werte

$$x_2 = \xi(t_2, a, b), \quad y_2 = \eta(t_2, a, b), \quad 0 = \omega(t_2, a, b)$$

folgt, wenn man $\xi_t(t_2, a, b) = \xi_t\,|^2$ usw. setzt,

$$\xi_t|^2 dt_2 + \xi_a|^2 da + \xi_b\,|^2 db = 0, \tag{3}$$

$$\eta_t|^2 dt_2 + \eta_a|^2 da + \eta_b|^2 db = 0, \tag{4}$$

$$\omega_t|^2 dt_2 + \omega_a|^2 da + \omega_b|^2 db = 0; \tag{5}$$

entfernt man dt_2, da, db aus (3), (4), (5), so erhält man

$$\triangle(t_2, a, b) = 0. \tag{6}$$

Auf $\mathfrak{E}$ verschwinde in der Richtung 201 die Größe $\triangle(t, a_0, b_0)$ nach dem Punkte 2 zum ersten Male in 4; dann heißen die Punkte 2 und 4 *konjugiert*[1]).

Die hinreichenden Bedingungen kann man jetzt so fassen: *Der Extremalenbogen $\mathfrak{E}$ liefert wenigstens ein schwaches Extrem, wenn er zwischen zwei konjugierten Punkten verbleibt, und wenn $\mathcal{E}$ auf den Vergleichskurven $\mathfrak{V}$ das Vorzeichen nicht wechselt und dort nur ordentlich verschwindet; ist zudem an allen $\mathfrak{V}$ einer weiteren Nachbarschaft von $\mathfrak{E}$ die Weierstraßsche Konstruktion ausführbar, so kommt ein starkes Extrem zustande* (Minimum oder Maximum, je nachdem ob $\mathcal{E} > 0$ oder $\mathcal{E} < 0$).

Über die zu (37.24) reziproke Aufgabe (Anm. [2]) am Ende des § 37) sei ohne Beweis angegeben, daß bei ihr dieselben konjugierten Punkte auftreten wie bei (37.24).

Es entspricht z. B. einem Maximum der ursprünglichen Aufgabe ein Maximum oder Minimum der reziproken, je nachdem ob $\lambda > 0$ oder $\lambda < 0$ ist. Denn setzt man über die auf die zweite bezüglichen Größen das unterscheidende Zeichen ~, so gilt

$$\tilde{H} = G + \tilde{\lambda} F = \tilde{\lambda}(F + \tilde{\lambda}^{-1} G) = \lambda^{-1} H$$

mit $\tilde{\lambda} = \lambda^{-1}$; hieraus folgt $\tilde{\mathcal{E}} = \lambda^{-1}\,\mathcal{E}$.

---

[1]) Vgl. die Anm. [2]) zu S. 41.

§ 42. Beispiele

Beispiel 7 (§ 38). Die Schar der extremalen Kreise c durch den jetzt als Ursprung (Abb. 17)[1]) dienenden Punkt 2

$$(x-a)^2+(y-b)^2=\lambda^2=a^2+b^2$$

rechnet man durch den Ansatz

$$x=r\cos\varphi,\quad y=r\sin\varphi,\quad a=\lambda\sin\beta,\quad b=-\lambda\cos\beta$$

auf die hier zweckmäßigen Polarkoordinaten um; man erhält

$$(1)\quad r=-2\lambda\sin(\varphi-\beta)=R(\varphi,\lambda,\beta),\ \beta<\varphi<\beta+\pi.$$

Die Bogenlänge (38. 2) findet man ohne Mühe zu

$$(2)\qquad \omega=-2\lambda(\varphi-\beta)=\Omega(\varphi,\lambda,\beta).$$

Indem man als naheliegenden Parameter $t=\varphi$ einführt, schreibt man (39. 4)

$$\Delta=\frac{\partial(\xi,\eta,\omega)}{\partial(t,\lambda,\beta)}=\frac{\partial(\xi,\eta,\omega)}{\partial(r,\varphi,\omega)}\,\frac{\partial(r,\varphi,\omega)}{\partial(t,\lambda,\beta)}{}^{2)},$$

$$\Delta=\frac{\partial(\xi,\eta)}{\partial(r,\varphi)}\,\frac{\partial(r,\varphi,\omega)}{\partial(\varphi,\lambda,\beta)}=-r\,\frac{\partial(R,\Omega)}{\partial(\lambda,\beta)};$$

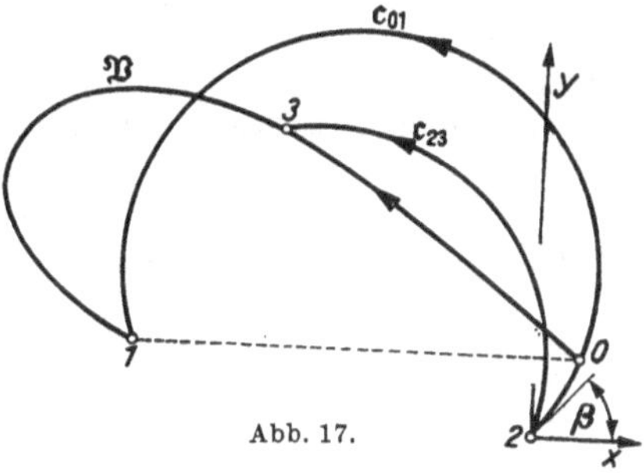

Abb. 17.

die leichte Ausrechnung nach (1) und (2) liefert

$$(3)\quad \Delta=-8\lambda^2\sin(\varphi-\beta)\,[\sin(\varphi-\beta)-(\varphi-\beta)\cos(\varphi-\beta)].$$

Im Gebiete $0<\varphi-\beta<\pi$ ist der Faktor $\sin(\varphi-\beta)$ positiv.

[1]) $\mathfrak{B}_{01}$ (§ 38) ist hier die Sehne 01.

[2]) Zu den Funktionaldeterminanten vgl. P. B. Fischer, Determinanten, Slg. Göschen Bd. 402, 3. Aufl. 1932, S. 131.

Das gleiche gilt von der eckigen Klammer $\Psi(\varphi)$; denn $\Psi'(\varphi) = (\varphi - \beta)\sin(\varphi - \beta)$ ist dort positiv, $\Psi(\beta) = 0$, folglich $\Psi(\varphi) > 0$. $\triangle$ ist daher negativ.

Ferner ist nach (40. 10), (38. 3) [vgl. (17. 2)]

$$\mathcal{E} = \lambda\sqrt{\dot{x}^2 + \dot{y}^2}\,(1 - \cos\chi); \tag{4}$$

(4) verschwindet nur ordentlich und ist nichtpositiv. Handelt es sich nämlich um einen *positiven* Wert der Fläche (38. 1), so ist $\mathfrak{c}_{01}$ positiv zu durchlaufen, also (38. 5) $\lambda < 0$ zu wählen auf $\mathfrak{c}_{01}$; ebenso auf jedem Kreise des Feldes.

Aus $\triangle < 0$, $\mathcal{E} < 0$ schließt man nach § 41, daß der zu $\mathfrak{c}$ gehörige Bogen $\mathfrak{c}_{01}$, dessen Länge l geringer ist als der Umfang[1]) $-2\lambda\pi$ von $\mathfrak{c}$, mindestens ein schwaches Maximum der Fläche darbietet. Daß ein *starkes* Maximum vorliegt, zeigt man jetzt durch Ausführung der Weierstraßschen Konstruktion. Man verbindet 0 und 1 durch eine Kurve $\mathfrak{B}$ von der Länge l. Ist 3 ein beliebiger Punkt von $\mathfrak{B}$, so ist Λ (39. 9) sicher länger als die Strecke $|23|$; daher gibt es nach § 38 durch 2 und 3 gerade einen positiv durchlaufenen Kreisbogen $\mathfrak{c}_{23}$ der Länge Λ, d. h. *eine* Extremale $\mathfrak{W}$ (§ 39). Da man die Kurven $\mathfrak{B}$ hier nicht auf die Nachbarschaft von $\mathfrak{c}_{01}$ zu beschränken braucht, so liefert $\mathfrak{c}_{01}$ eine größere Fläche als *jede* gleichlange stückweise reguläre (§ 14) Kurve von 0 nach 1.

Beispiel 8 (§ 38). Die Gleichungen (39. 3) der räumlichen Extremalenschar durch 2 lauten nach (38. 11), (38. 12), (38. 13)

$$x = t,\quad y = y_2 + a\left(\mathfrak{Cof}\,\frac{t-b}{a} - \mathfrak{Cof}\,\frac{t_2-b}{a}\right),$$

$$z = a\left(\mathfrak{Sin}\,\frac{t-b}{a} - \mathfrak{Sin}\,\frac{t_2-b}{a}\right)$$

mit festem $t_2 = x_2$. Mit $y = Y(x, a, b)$, $z = \Omega\,(x, a, b)$ wird, wenn man $x - b = au$, $x_2 - b = au_2$ setzt, die Determinante (39. 4)

---

[1]) Vom Vollkreise handelt § 48.

$$\triangle = \frac{\partial(x, y, z)}{\partial(x, a, b)} = \frac{\partial(Y, \Omega)}{\partial(a, b)} =$$

$$= \begin{vmatrix} \mathfrak{Cof}\, u - \mathfrak{Cof}\, u_2 & -(u \mathfrak{Sin}\, u - u_2 \mathfrak{Sin}\, u_2) & \mathfrak{Sin}\, u - \mathfrak{Sin}\, u_2 \\ \mathfrak{Sin}\, u - \mathfrak{Sin}\, u_2 & -(u \mathfrak{Cof}\, u - u_2 \mathfrak{Cof}\, u_2) & \mathfrak{Cof}\, u - \mathfrak{Cof}\, u_2 \end{vmatrix}.$$

Ihre leichte Ausrechnung ergibt mit Hilfe der Grundeigenschaften der Hyperbelfunktionen[1])

$$\triangle = 2\mathfrak{Cof}\,(u - u_2) - 2 - (u - u_2)\,\mathfrak{Sin}\,(u - u_2).$$

Hieraus folgt für $\triangle$ als Funktion von u

$$\frac{d\triangle}{du} = \mathfrak{Sin}\,(u - u_2) - (u - u_2)\,\mathfrak{Cof}\,(u - u_2),$$

$$\frac{d^2\triangle}{du^2} = -(u - u_2)\,\mathfrak{Sin}\,(u - u_2).$$

Da hierin die beiden Faktoren rechts stets gleichen Zeichens sind, so ist $d^2\triangle/du^2$ negativ für $u \neq u_2$. Demnach hat die erste Ableitung $d\triangle/du$, die für $u = u_2$ verschwindet, das dem Zeichen von $u - u_2$ entgegengesetzte Zeichen. Folglich ist die Determinante $\triangle$ selbst, die für $u = u_2$ verschwindet, für $u \neq u_2$ negativ. Es gibt also keine Paare konjugierter Punkte.

Die Größe $\mathcal{E}$ hat den Wert (17. 2) mit $G(x, y) = y + \lambda > 0$ [vgl. (38. 11)]; daher ist $\mathcal{E}$ nichtnegativ und verschwindet nur ordentlich.

Aus den bisherigen Ergebnissen $\triangle < 0$, $\mathcal{E} > 0$ folgt nach § 41, daß ein beliebiger Bogen $\mathfrak{k}_{01}$ der Kettenlinie $\mathfrak{K}$ mindestens ein schwaches Minimum der Schwerpunktshöhe liefert. Wir erweisen dieses jetzt als *stark*, indem wir die Weierstraßsche Konstruktion ausführen. Es sei von 0 nach 1 die Kurve $\mathfrak{B}$ mit der Länge l gezogen; 3 sei irgendein Punkt von $\mathfrak{B}$, 2 liege auf $\mathfrak{K}$ vor $\mathfrak{k}_{01}$[2]). Dann ist Λ (39. 9) länger als die Strecke $|23|$. Daher gibt es nach § 38 durch 2 und 3 gerade eine nach oben hohle Kettenlinie $\mathfrak{k}_{23}$ von der Länge Λ. Auch bei diesem Beispiel braucht man $\mathfrak{B}$ nicht an die Nachbarschaft von $\mathfrak{k}_{01}$ zu binden; mithin liegt der Schwerpunkt bei $\mathfrak{k}_{01}$ tiefer als bei jeder anderen stückweise regulären Kurve von 0 nach 1.

---

[1]) Siehe S. 93, Anm..
[2]) Namen der Punkte wie in § 39.

§ 43. Transversalität

Wir erörtern die Aufgabe des gebundenen Extrems nunmehr bei *einem beweglichen Ende*, und zwar sogleich in folgender allgemeiner Fassung (§ 30): *w_0, z_0 seien zwei gegebene Funktionen des Ortes* 0; *es wird das Extrem der Größe $w = w_0 + I_{01}$ bei gegebenem Werte der Größe $z = z_0 + K_{01}$ gefordert, wenn sich* 0 *auf einer Mannigfaltigkeit $\mathfrak{M}$ bewegt, während* 1 *fest ist.* Zu den in § 30 genannten Fällen des Kegelfeldes ($\mathfrak{M}$ von der Stufe 0, d. h. ein Punkt) und des keilförmigen Feldes ($\mathfrak{M}$ von der Stufe 1, d. h. eine Kurve) nehmen wir noch hinzu den Fall eines *Feldes mit Bodenfläche*, bei dem $\mathfrak{M}$ von der Stufe 2, der Punkt 0 also in einem ebenen Gebiete frei wählbar ist. Ein auf $\mathfrak{M}$ wandernder Punkt heiße 2.

Auch bei der neuen Aufgabe muß die *gesuchte Kurve eine Extremale* $\mathfrak{E}$ (37. 19) sein. Denn ist 01 diese Kurve — 0 also eine Sonderlage von 2, so daß w_2 und z_2 in 0 feste Werte w_0 und z_0 haben —, so muß 01 ein Extrem von I_{01} bei gegebenem Werte K_{01} aufweisen.

Um eine *Transversalitätsbedingung* herzuleiten, braucht man die Variationen von w und z. Zu ihrer Angabe wandelt man $\mathfrak{E}$ so in Nachbarkurven $\hat{\mathfrak{A}}_{21}$ ab, daß 0 sich durch Lagen 2 auf $\mathfrak{M}$ bewegt und die Bindung

$$z_2 + \hat{K}_{21} = z_0 + \overline{K}_{01} \tag{1}$$

gewahrt bleibt. Man bewirkt dies, wie wir nachweisen werden, indem man die Schar $\hat{a}$ der $\hat{\mathfrak{A}}_{21}$ so ansetzt (vgl. § 25):

$$\begin{aligned}\hat{x} &= x + \alpha_1(t)\,(x_2 - x_0) + \alpha_2(t)(y_2 - y_0) + \alpha_3(t)\,\varepsilon,\\ \hat{y} &= y + \beta_1(t)\,(x_2 - x_0) + \beta_2(t)(y_2 - y_0) + \beta_3(t)\,\varepsilon,\end{aligned} \tag{2}$$

$$\begin{aligned}&\alpha_1(t_0) = 1, \alpha_2(t_0) = \alpha_3(t_0) = 0,\ \ \alpha_1(t_1) = \alpha_2(t_1) = \alpha_3(t_1) = 0,\\ &\beta_1(t_0) = 0, \beta_2(t_0) = 1, \beta_3(t_0) = 0, \beta_1(t_1) = \beta_2(t_1) = \beta_3(t_1) = 0.\end{aligned} \tag{3}$$

Dann ist zunächst tatsächlich für $t = t_0$ bzw. $t = t_1$

$$\hat{x}_0 = x_2,\quad \hat{y}_0 = y_2 \text{ bzw. } \hat{x}_1 = x_1,\quad \hat{y}_1 = y_1.$$

Jetzt erklären wir das Zeichen δ. Ist $\mathfrak{M}$ eine Kurve, auf der θ als Parameter dient, so sind $x_2 - x_0$, $y_2 - y_0$ Funktionen von θ, die für $\theta = \theta_0$ verschwinden; man kann nach (2. 2) in leichtverständlicher Bezeichnung

$$(4)\qquad \delta = \delta_\theta + \delta_\varepsilon = d\theta \frac{d}{d\theta} + d\varepsilon \frac{\partial}{\partial\varepsilon}\Big|^{\theta=\theta_0,\ \varepsilon=0}$$

setzen. Ist $\mathfrak{M}$ ein ebenes Gebiet, so kann man $x_2 - x_0 = \varrho$, $y_2 - y_0 = \sigma$ und

$$(5)\qquad \delta = \delta_\varrho + \delta_\sigma + \delta_\varepsilon = d\varrho \frac{\partial}{\partial\varrho} + d\sigma \frac{\partial}{\partial\sigma} + d\varepsilon \frac{\partial}{\partial\varepsilon}\Big|^{\varrho=\sigma=\varepsilon=0}$$

setzen. Die isoperimetrische Bedingung

$$(6)\qquad z_2 + \int\limits_2^1 G(\hat{x}, \hat{y}, \hat{x}', \hat{y}')\, dt = z_0 + \int\limits_0^1 G(x, y, x', y')\, dt$$

versuchen wir dadurch zu befriedigen, daß wir ε als eine passende Funktion von θ bzw. von ϱ und σ wählen; der Versuch glückt[1]), wenn die Ableitung der linken Seite von (6) nach ε für $\theta = \theta_0$ bzw. $\varrho = \sigma = 0$ und $\varepsilon = 0$ von 0 verschieden ist. Es ist aber, wenn man $G(\hat{x}, \ldots)$ durch $\hat{G}$ abkürzt usw., nach (6. 6) und (40. 4)

$$\frac{\partial}{\partial\varepsilon}\left(z_2 + \int\limits_2^1 \hat{G}\,dt\right) = \hat{G}_{x'}\alpha_3(t) + \hat{G}_{y'}\beta_3(t)\,\Big|_2^1 + \int\limits_2^1 [\hat{R}\alpha_3(t) + \hat{S}\beta_3(t)]\,dt;$$

$\partial z_2/\partial\varepsilon$ ist ja 0. Nach (3) verschwindet rechts der integralfreie Teil in 1. Er verschwindet auch, wenn man z. B. $\varrho = \sigma = \varepsilon = 0$ setzt, 2 also nach 0 rückt; dann erhält man

$$\frac{\partial}{\partial\varepsilon}\left(z_2 + \int\limits_2^1 \hat{G}\,dt\right)^{\varrho=\sigma=\varepsilon=0} = \int\limits_0^1 [R\alpha_3(t) + S\beta_3(t)]\,dt\,.$$

Das Integral aber ist bei geeigneter Wahl von $\alpha_3(t)$, $\beta_3(t)$ von 0 verschieden, es sei denn, daß auf $\mathfrak{E}$ überall die Gleichungen $R = 0, S = 0$ bestünden; dies würde jedoch den schon in § 37 ausgeschlossenen Ausnahmefall bedeuten, daß $\mathfrak{E}$ Extremale des freien Extrems von K wäre.

Nachdem die gewünschte, die Bindung (6) erhaltende Variation gelungen ist, findet man nach (6. 6) als Bedingung des Extrems von w

[1]) Siehe S. 41, Anm. [1]).

$$(7) \qquad 0 = \delta w = \delta w_0 + F_{x'}\delta x + F_{y'}\delta y \,\Big|_0^1 + \int_0^1 (P\delta x + Q\,\delta y)\,dt,$$

und als Ausdruck der Unveränderlichkeit von K_{01}

$$(8) \qquad 0 = \delta z = \delta z_0 + G_{x'}\delta x + G_{y'}\delta y \,\Big|_0^1 + \int_0^1 (R\delta x + S\delta y)\,dt.$$

Zu (7) und (8) sei bemerkt, daß in 0 zwar $\delta_\varepsilon x, \delta_\varepsilon y$ verschwinden, im allgemeinen aber nicht $\delta_\theta x$, $\delta_\theta y$, und nicht $\delta_\varrho x + \delta_\sigma x, \delta_\varrho y + \delta_\sigma y$.

Vervielfacht man die Formel (8) mit λ (37. 15) und fügt sie dann zu (7) hinzu, so erhält man, da δx und δy an der festen Stelle 1 verschwinden, mit Rücksicht auf (37. 18), (40. 5), (40. 6)

$$(9) \qquad \delta w_0 + \lambda \delta z_0 - (H_{x'}\delta x + H_{y'}\delta y)\,|^0 = 0.$$

Dies ist die *allgemeine Transversalitätsbedingung*, die für das eingangs geforderte Extrem notwendig ist.

§ 44. Hinreichende Bedingungen bei einem beweglichen Ende

In der folgenden kurzen Untersuchung des Bogens $\mathfrak{E}_{01}$ auf Hinlänglichkeit[1]) möge (39. 1) die Doppelschar der von $\mathfrak{M}$ in Punkten 6 transversal (43. 9) ausstrahlenden Extremalen darstellen; gehört auf einer von ihnen zum Werte t der Punkt 3, so setze man

$$(1) \qquad \omega(t, a, b) = z_6 + \overline{K}_{63}.$$

Die Jacobische Bedingung (39. 5) sei auf $\mathfrak{E}_{01}$ erfüllt; dann kann man die räumliche Extremale (39. 6) in ein Feld $\mathfrak{r}$ einlagern: Wenn die Vergleichskurve $\mathfrak{V}_{21}$ in *engerer* Nachbarschaft $\mathfrak{u}$ von $\mathfrak{E}_{01}$ verläuft, geht durch jeden Punkt 3 von $\mathfrak{V}(\tau)$ gerade eine Extremale (39. 1), so daß die Beziehung

[1]) Vgl. dazu § 27, § 39, § 40.

(2) $$z_6 + \bar{K}_{63} = z_2 + K_{23}$$

gilt. Das ist in $\mathfrak{u}$ die Weierstraßsche Konstruktion. — Man erkläre jetzt, τ_3 durch τ abkürzend,

$$W(\tau) = w_2 + I_{23} - (w_6 + \bar{I}_{63}),$$

so daß $W(\tau_2) = 0$ und

$$W(\tau_1) = \int_{\tau_2}^{\tau_1} \frac{dW}{d\tau}\, d\tau = w_2 + I_{21} - (w_0 + \bar{I}_{01})$$

der Unterschied $\mathfrak{D}$ ist, auf dessen Vorzeichen es ankommt. Da w_2 von τ nicht abhängt, ist

(3) $$\frac{dW}{d\tau} = F(x, y, \dot{x}, \dot{y})\,|^3 - \frac{d}{d\tau}(w_6 + \bar{I}_{63}).$$

(40. 2), (40. 3) werden hier vertreten durch

(4) $$\delta(w_6 + \bar{I}_{63}) = \delta w_6 + (F_{x'}\delta x + F_{y'}\delta y)\,\Big|_6^3 + \int_6^3 (P\delta x + Q\,\delta y)\, dt\,,$$

(5) $$\delta(z_6 + \bar{K}_{63}) = \delta z_6 + (G_{x'}\delta x + G_{y'}\delta y)\,\Big|_6^3 + \int_6^3 (R\delta x + S\delta y)\, dt\,;$$

durch eine Rechnung, die der von (40. 2), (40. 3) zu (40. 8) führenden völlig entspricht, erhält man mit Rücksicht auf die in 6 gültige Formel (43. 9) ,wenn man den Zeiger 3 spart,

(6) $$\frac{d}{d\tau}(w_6 + \bar{I}_{63}) + \lambda\,\frac{d}{d\tau}(z_6 + \bar{K}_{63}) = H_{x'}\dot{x} + H_{y'}\dot{y}\,;$$

λ gehört zur Extremale $\mathfrak{E}_{63}$. Zieht man links den aus (2) folgenden Wert

$$\frac{d}{d\tau}(z_6 + \bar{K}_{63}) = \frac{d}{d\tau}(z_2 + K_{23}) = G(x, y, \dot{x}, \dot{y})$$

heran, so findet man aus (6) und (3)

$$\frac{dW}{d\tau} = H(\dot{x}, \dot{y}) - \dot{x} H_{x'}(x', y') - \dot{y} H_{y'}(x', y'),$$

also mit der aus (37. 18) gebildeten $\mathcal{E}$-Funktion

$$\frac{dW}{d\tau} = \mathcal{E}(x, y, x', y', \dot{x}, \dot{y}), \quad \mathfrak{D} = \int_2^1 \mathcal{E}\, d\tau .$$

Die Jacobische und die Weierstraßsche Bedingung bürgen demnach für ein mindestens schwaches Extrem der Größe $w_0 + I_{01}$; *dieses ist stark, wenn in der weiteren Nachbarschaft von* $\mathfrak{C}$ *die Weierstraßsche Konstruktion möglich ist*[1]).

Wenn auf $\mathfrak{C}$ von 0 aus in Richtung 01 die Determinante (39. 4) zum ersten Male in 4 verschwindet, $\triangle(t_4, a_0, b_0) = 0$, $t_4 > t_0$, so heißt 4 der *extremale Brennpunkt* von $\mathfrak{M}$ auf $\mathfrak{C}$.

§ 45. Beispiele

Beispiele keilförmiger Felder treten bei folgenden Abwandlungen des *Beispiels* 7 (§ 38) auf: Man soll einen nicht vorgeschriebenen Punkt 0 der gegebenen Kurve $\mathfrak{K}$ mit einem auf ihr gegebenen 1 so durch eine Kurve $\mathfrak{C}$ verbinden, daß der Inhalt der von $\mathfrak{K}$ und $\mathfrak{C}$ berandeten Fläche möglichst groß wird bei gegebener Länge

a) der beiden Bögen 01 von $\mathfrak{K}$ und von $\mathfrak{C}$ zusammen;

b) des Bogens 01 von $\mathfrak{C}$ allein.

Beidemal handelt es sich um das Extrem einer Größe der Form $w_0 + I_{01}$ (§ 43), wo

$$w_0 = \frac{1}{2} \int_{\tau_1}^{\tau_0} (x\dot{y} - y\dot{x})\, d\tau, \quad I_{01} = \frac{1}{2} \int_{t_0}^{t_1} (xy' - yx')\, dt;$$

hier ist τ ein längs $\mathfrak{K}_{10}$ wachsender Parameter. — Der vorgeschriebene Wert ist im Falle a) die Größe $z_0 + K_{01}$,

[1]) Ohne Beweis sei angegeben, daß, wenn $w_0 = z_0 = 0$ und $\mathfrak{M}$ eine Kurve $\mathfrak{t}$ ist, $\Delta = 0$ ist auf $\mathfrak{t}$, sodaß $\mathfrak{t}$ nicht zum Felde gehört; siehe die Beispiele 7 (45. 4) und 11 (49. 13). Das zweite zeigt auch, wie man sich hilft.

$$z_0 = \int_{\tau_1}^{\tau_0} \sqrt{\dot{x}^2 + \dot{y}^2}\, d\tau\,, \quad K_{01} = \int_{t_0}^{t_1} \sqrt{x'^2 + y'^2}\, dt\,,$$

im Falle b) die Größe K_{01}. Um (43.9) aufzustellen, bildet man

$$\delta x_0 = \dot{x}\,|^0\, d\tau\,, \qquad \delta y_0 = \dot{y}\,|^0\, d\tau\,,$$

$$\delta w_0 = \tfrac{1}{2}(x\dot{y} - y\dot{x})\,|^0\, d\tau\,, \qquad \delta z_0 = \sqrt{\dot{x}^2 + \dot{y}^2}\,|^0\, d\tau\,.$$

a) (43. 9) nimmt wegen (38. 3) die Gestalt an

(1) $$\tfrac{1}{2}(x\dot{y} - y\dot{x}) + \lambda\sqrt{\dot{x}^2 + \dot{y}^2}$$

$$- \left(-\frac{y}{2} + \frac{\lambda x'}{\sqrt{x'^2 + y'^2}}\right)\dot{x} - \left(\frac{x}{2} + \frac{\lambda y'}{\sqrt{x'^2 + y'^2}}\right)\dot{y} = 0\,;$$

dabei beziehen sich alle Zeichen auf die Stelle 0. (1) besagt in der vereinfachten Form

$$\frac{x'\dot{x} + y'\dot{y}}{\sqrt{x'^2 + y'^2}\sqrt{\dot{x}^2 + \dot{y}^2}} = 1\,,$$

daß [vgl. (17. 2)] $\cos\chi = 1$ ist, daß also der extremale Kreisbogen die Kurve $\mathfrak{K}$ in 0 berührt.

b) Es ist $z_0 = 0$, also $\delta z_0 = 0$. (43. 9) zieht sich daher auf

$$\delta w_0 - (H_{x'}\delta x + H_{y'}\delta y) = 0$$

zurück; man hat in (1) das zweite Glied zu unterdrücken und erhält

$$x'\dot{x} + y'\dot{y} = 0\,.$$

Der Kreisbogen $\mathfrak{E}$ schneidet also $\mathfrak{K}$ in 0 senkrecht.

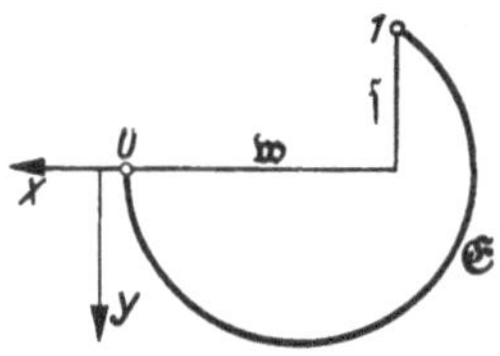

Abb. 18.

Im Falle b) bestehe $\mathfrak{K}$ im besonderen (Abb. 18) aus den Schenkeln $\mathfrak{w}$ und $\mathfrak{s}$ eines rechten Winkels; die Kurve $\mathfrak{E}$ sei auf seiner erhabenen Seite von einem Punkte 0 der x-Achse $\mathfrak{w}$ nach dem Punkte 1 von $\mathfrak{s}$ zu ziehen. Die von ihrer Ordinate überstrichene Fläche $\int y x'\, dt$ verwendet man statt (38. 1) als Integral I. Die Extremalen sind wieder Kreise (38. 8). Die Doppelschar (39. 1) ihrer zu $\mathfrak{w}$ senkrechten Bögen entsteht aus (38. 8) für $b = 0$; daher kann man sie in der Form ansetzen

$$(2)\quad x = a - \lambda \cos t, \quad y = -\lambda \sin t, \quad z = -\lambda t.$$

Dabei ist $\lambda < 0$ (§ 42); der Punkt 0 entspricht dem Werte $t = 0$. Aus (2) erhält man für die Determinante (39. 4)

$$\Delta(t, a, \lambda) = \begin{vmatrix} \lambda \sin t & -\lambda \cos t & -\lambda \\ 1 & 0 & 0 \\ -\cos t & -\sin t & -t \end{vmatrix},$$

$$(3)\quad \Delta(t, a, \lambda) = \lambda(\sin t - t \cos t); \quad (4)\quad \Delta(0, a, \lambda) = 0.$$

Der extremale Brennpunkt von $\mathfrak{w}$ ist nach (3) auf jedem Kreise durch den festen Wert $t_4 = T \sim 257°$ gegeben[1]); die Weierstraßsche Bedingung ist nach (42. 4) erfüllt. Ist $t_1 < T$, so liefert $\mathfrak{E}_{01}$ trotz (4) ein starkes Extrem. Zum Beweise dient die Weierstraßsche Konstruktion. Sie bleibe unerörtert bei diesem und dem folgenden *Beispiel* 10[2]), bei dem ein *Feld mit Bodenfläche* auftritt:

Unter allen Kurven von gegebener Länge, die einen nicht vorgeschriebenen Punkt 0 der oberen Halbebene $\mathfrak{O}$ mit einem gegebenen Punkte 1 von $\mathfrak{O}$ verbinden und ganz in $\mathfrak{O}$ verlaufen, diejenige zu bestimmen, welche zusammen mit den Ordinaten von 0 und 1 den größten Drehkörper erzeugt.

Es handelt sich um die Aufgabe

$$(5)\quad \delta \int y^2 x' dt = 0^{3)}, \quad \delta \int \sqrt{x'^2 + y'^2}\, dt = 0,$$

sodaß in (37. 18)

$$(6)\quad H(x, y, x', y') = y^2 x' + \lambda \sqrt{x'^2 + y'^2}$$

zu setzen ist; für die Extremalen erhält man nach (37. 20)

---

[1]) T ist die erste positive Wurzel der Gleichung $t = \operatorname{tg} t$; $T \sim 4,49$.

[2]) Es erfordert einige Kenntnis der elliptischen Funktionen.

[3]) Zum Rauminhalt des Drehkörpers vgl. A. Witting, Integralrechnung, Slg. Göschen Bd. 88, 1949, S. 163.

(7) $H_{x'} = \text{const.} = c$, (8) $y^2 + \dfrac{\lambda x'}{\sqrt{x'^2 + y'^2}} = c$,

$$(9) \qquad dx = \frac{(y^2 - c)\,dy}{\sqrt{\lambda^2 - (y^2 - c)^2}}\,.$$

Da hier $w_0 = z_0 = 0$ ist, besagt (43. 9), daß

$$H_{x'}\delta x + H_{y'}\delta y\,|^0 = 0$$

sein muß bei beliebigen Werten von δx und δy, daß mithin

$$(10)\ H_{x'}\,|^0 = 0 \text{ und } \left(\text{mit } H_{y'} = \frac{\lambda y'}{\sqrt{x'^2 + y'^2}}\right)\ (11)\ H_{y'}\,|^0 = 0$$

ist. Aus (10) und (7) folgt $c = 0$; man trage diesen Wert in (8) und (9) ein. (11) zeigt, daß $y'\,|^0 = 0$ ist, 𝔈 also von dem Punkte $O(a, b)$ mit waagerechter Tangente ausgeht (Abb. 19). Nach (8) ist $b^2 + \lambda = 0$; setzt man die Werte $c = 0$, $\lambda = -b^2$ in (9) ein, so erhält man

$$(12) \qquad dx = \frac{y^2\,dy}{\sqrt{b^4 - y^4}}\,.$$

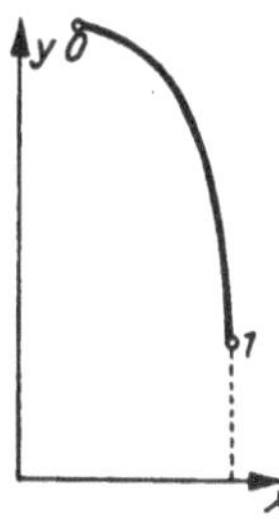

Abb. 19

Dieses elliptische Differential zweiter Gattung ist bei dem Felde 𝔟 mit Bodenfläche weit einfacher[1]) als (9) bei einem Kegelfelde: in diesem hinge der Jacobische Modul k der elliptischen Funktionen von λ und c ab, während er bei 𝔟 den festen Wert $1/\sqrt{2}$ hat, wie man folgendermaßen zeigt: Das isoperimetrische Integral

[1]) Ähnlich vereinfacht sich (9) bei einen *keilförmigen* Felde 𝔨 mit der x-Achse als Schneide. Wir wählten dafür gleichwohl das Beispiel (2), weil dort auch das Aufhören des Extrems geometrisch wichtig ist (§ 47), was bei (5) in 𝔨 nicht der Fall wäre.

$$\omega = \int \sqrt{1 + \left(\frac{dy}{dx}\right)^2}\, dx = \int \frac{b^2\, dy}{\sqrt{b^4 - y^4}}$$

ist von der ersten Gattung; seine Umkehrung, bei der sich die Werte $y = b$ und $\omega = 0$ entsprechen, ergibt

$$y = b \operatorname{cn} \frac{\omega \sqrt{2}}{b}\,. \tag{13}$$

Denn setzt man

$$b^2 - y^2 = b^2\sigma^2,\ b^2 + y^2 = b^2(2 - \sigma^2),\ dy = \frac{-b\sigma\, d\sigma}{\sqrt{1-\sigma^2}},$$

so wird

$$\omega = \int\limits_0 \frac{b\, d\sigma}{\sqrt{2}\sqrt{1-\sigma^2}\sqrt{1-\frac{1}{2}\sigma^2}}\,;$$

daher gilt in der Tat $k^2 = \frac{1}{2}$, $\sigma = \operatorname{sn}(\omega \sqrt{2}/b)$ und somit (13).

Aus (12) und (13) folgt jetzt, wenn man $\omega\sqrt{2} = bt$ setzt,

$$dx = \frac{b}{\sqrt{2}} \operatorname{cn}^2 t\, dt = \frac{b}{\sqrt{2}} (2 \operatorname{dn}^2 t - 1)\, dt\,.$$

Integriert man nach der Formel für das Integral zweiter Gattung

$$\int\limits_0^t \operatorname{dn}^2 u\, du = E(t),$$

so findet man mit festem a

$$\begin{aligned} x &= b\sqrt{2}E(t) - \frac{b}{\sqrt{2}}\, t + a\,; \\ y &= b \operatorname{cn} t, \quad z = \omega = \frac{b}{\sqrt{2}}\, t \end{aligned} \tag{14}$$

sind die Formeln, die zusammen mit der für x die Schar (39.3) darstellen. Dabei beschränkt sich t wegen $y > 0$ auf die Strecke

$$(15)\quad 0 \leqq t < \mathsf{K};\quad \mathsf{K} = \int\limits_0^{\pi/2} \frac{d\theta}{\sqrt{1 - \frac{1}{2}\sin^2\theta}} \sim 1{,}85$$

ist das vollständige elliptische Integral erster Gattung. — Die Determinante (39. 4) der Funktionen (14) vereinfacht sich, weil $\partial y/\partial a = \partial z/\partial a = 0$, zu

$$\Delta = -\xi_a \begin{vmatrix} \eta_t & \omega_t \\ \eta_b & \omega_b \end{vmatrix} = - \begin{vmatrix} -b\,\mathrm{sn}\,t\,\mathrm{dn}\,t & b/\sqrt{2} \\ \mathrm{cn}\,t & t/\sqrt{2} \end{vmatrix}$$

$$= \frac{b}{\sqrt{2}} (t\,\mathrm{sn}\,t\,\mathrm{dn}\,t + \mathrm{cn}\,t);$$

daher lautet der Ansatz für den Brennpunkt

$$\varphi(t) = t + \frac{\mathrm{cn}\,t}{\mathrm{sn}\,t\,\mathrm{dn}\,t} = 0.$$

Aus der leicht zu berechnenden Ableitung

$$\varphi'(t) = -\frac{\mathrm{cn}^4 t}{\mathrm{sn}^2 t\,\mathrm{dn}^2 t}$$

erkennt man $\varphi(t)$ als eine beständig abnehmende Funktion. Sie wird im Reellen unendlich für $t = 2m\mathsf{K}$, wo m ganz. Nun ist

$$\varphi(+0) = +\infty, \quad \varphi(\mathsf{K}) = \mathsf{K}, \quad \varphi(2\mathsf{K} - 0) = -\infty;$$

folglich liegt zwischen 0 und K keine, zwischen K und $2\mathsf{K}$ genau eine Nullstelle t_4 von $\varphi(t)$. Da t_4 nicht in (15) fällt, gibt es in $\mathfrak{D}$ *keinen* Brennpunkt; die Jacobische Bedingung ist auf $\mathfrak{C}_{01}$ erfüllt. Die Weierstraßsche $\mathcal{E}$-Funktion ist nach (40. 10), (6) [vgl. (17. 2)]

$$\mathcal{E} = y^2\dot{x} + \lambda\sqrt{\dot{x}^2 + \dot{y}^2} - \left(y^2 + \frac{\lambda x'}{\sqrt{x'^2 + y'^2}}\right)\dot{x} - \frac{\lambda y'\dot{y}}{\sqrt{x'^2 + y'^2}}$$

$$= \lambda\sqrt{\dot{x}^2 + \dot{y}^2} - \lambda\frac{x'\dot{x} + y'\dot{y}}{\sqrt{x'^2 + y'^2}} = -b^2\sqrt{\dot{x}^2 + \dot{y}^2}\,(1 - \cos\chi),$$

also negativ. Daher liefert $\mathfrak{E}_{01}$ ein mindestens schwaches Maximum für den Inhalt des Drehkörpers.

§ 46. Der Hüllensatz

Wir suchen das Seitenstück des in § 23 und § 28 angegebenen Satzes. Dazu betrachten wir eine Doppelschar $\mathfrak{e}$ von Extremalen (39. 1) oder ihre räumliche Ausgestaltung $\mathfrak{r}$ (39. 3); $\mathfrak{e}$ kann kegel- oder keilförmig sein oder von einer Bodenfläche (§ 43) ausgehen. Die Determinante (39. 4) verschwinde für $t = t_4$, $a = a_0$, $b = b_0$; ist dann $\Delta_t(t_4, a_0, b_0) \neq 0$, so läßt sich $t = t_3$ aus der Gleichung

$$(1) \qquad \dot{\Delta}(t, a, b) = \frac{\partial(\xi, \eta, \omega)}{\partial(t, a, b)} = 0$$

als eine nächst der Stelle (t_4, a_0, b_0) reguläre Funktion von a und b finden. — Wir fragen nach einer Hülle der Kurven (39. 1) bzw. (39. 3), die von jeder der Eingehüllten im Punkte $t = t_3$ berührt wird. Es sei $\mathfrak{h}$ irgendeine Hülle solcher Kurven; dann müssen, wenn man unter τ den Parameter auf $\mathfrak{h}$ versteht und $dx/d\tau = \dot{x}$ usw. setzt, die Formeln gelten [vgl. (23.10)]

$$(2) \qquad \dot{x} = \mu(\tau)\,\xi_t, \qquad \dot{y} = \mu(\tau)\,\eta_t\,,$$

wo $\mu(\tau)$ eine passende Funktion bedeutet. (2) lautet ausführlicher

$$(3) \qquad \xi_t(\dot{t} - \mu) + \xi_a \dot{a} + \xi_b \dot{b} = 0,$$

$$(4) \qquad \eta_t(\dot{t} - \mu) + \eta_a \dot{a} + \eta_b \dot{b} = 0\,[1]\,.$$

Für eine die Extremale im *konjugierten* Punkte (Brennpunkte) 3 berührende Hülle $\mathfrak{H}$ gilt (1) mit der Lösung $t = t_3$. Aus (1) und (3), (4) folgt auch die Gleichung

$$(5) \qquad \omega_t(\dot{t} - \mu) + \omega_a \dot{a} + \omega_b\, \dot{b} = 0, \quad \dot{z} = \mu(\tau)\,\omega_t.$$

(3), (4), (5) besagen die Berührung zwischen der nach § 39 zu $\mathfrak{H}$ gehörigen Raumkurve $\mathfrak{H}'$ und gewissen Mitgliedern von $\mathfrak{r}$, auf die jetzt näher eingegangen sei.

---

[1]) Vgl. § 41 und die dort aus den auch hier auftretenden Gleichungen (3), (4), (5) bei ganz anderen Voraussetzungen gezogenen ganz verschiedenen Folgerungen!

Aus den Beziehungen (3), (4) schließt man, daß für $t = t_3$

(6) $$(\xi_t \eta_a - \xi_a \eta_t)\, da + (\xi_t \eta_b - \xi_b \eta_t)\, db = 0$$

ist. Nimmt man an, daß die Determinanten

(7) $$\xi_t \eta_a - \xi_a \eta_t \text{ und } \xi_t \eta_b - \xi_b \eta_t$$

in (t_4, a_0, b_0) nicht beide verschwinden, (6) also nicht zur Identität $0 = 0$ entarte, so stellt (6) eine Differentialgleichung erster Ordnung $\mathfrak{d}$ zwischen a und b dar, die da/db oder db/da als eine nächst (a_0, b_0) reguläre Funktion von a und b ergibt. Die Integration von $\mathfrak{d}$ liefert etwa b als eine nahe a_0 reguläre Funktion von a mit dem Anfangswerte $b = b_0$ für $a = a_0$; dadurch sondert man aus (39. 3) eine nur noch von *einem* Parameter a abhängige, die sogenannte *ausgezeichnete* einfache Extremalenschar $\mathfrak{e}^*(\mathfrak{r}^*)$, aus,

(8) $$x = \Xi(t, a), \quad y = \mathrm{H}(t, a), \quad z = \Omega(t, a).$$

In 3 wird nach der an (1) geknüpften Bemerkung auch t_3 eine reguläre Funktion von a; in (8) eingesetzt, ergibt sie die gewünschte Hülle $\mathfrak{H}(\mathfrak{H}')$ der Schar $\mathfrak{e}^*(\mathfrak{r}^*)$. Wir wollen Punkte von $\mathfrak{H}$, in denen $\dot{x}$ und $\dot{y}$ gleichzeitig verschwinden, in denen also $\mu = 0$ wäre wegen (5. 2), außer acht lassen; dann können wir in (2) $\mu > 0$ annehmen wie in (23. 10).

Die Hülle $\mathfrak{H}$ besitzt die sogenannte „doppelte Evoluteneigenschaft“: *Sind* 3 *und* 5 *auf den von* $\mathfrak{M}$ *in* 0 *und* 2 *ausgehenden Extremalen* $\mathfrak{E}_0$ *und* $\mathfrak{E}_2$ *die extremalen Brennpunkte von* $\mathfrak{M}$, *so ist* in der Bezeichnung des § 43 (vgl. Abb. 11, § 28)

(9) $$w_0 + \overline{I}_{03} + I_{35} = w_2 + \overline{I}_{25},$$

(10) $$z_0 + \overline{K}_{03} + K_{35} = z_2 + \overline{K}_{25},$$

wo die Integrale I_{35}, K_{35} *längs der Hülle gebildet sind.*

Zum Beweise geht man von der für $w = w_0 + \overline{I}_{03}$, $z = z_0 + \overline{K}_{03}$ (§ 43) gültigen Formel aus

(11) $$\delta w + \lambda \delta z = H_{x'} \delta x + H_{y'} \delta y \text{ [1]},$$

---

[1]) (11) entspricht der Formel (40. 7), in der $w_0 = z_e = 0$.

die aus den in (43. 7), (43. 8) rechts angegebenen Werten von δw, δz[1]) und aus (43. 9) folgt. Indem wir fortan $\tau = a$ setzen, beziehen wir in ihr $\delta = da \frac{d}{da}$ auf *Verrückung* des Punktes 3 längs $\mathfrak{H}$ wie in (23. 6); λ ist *der* Wert (37. 15), der zu der in 3 berührenden Extremale gehört. Die Größe δz in (11) hat nach (5) den Wert

$$(12) \qquad \delta z = \dot{z}\, da = \mu \omega_t\, da = \mu G(\xi_t, \eta_t)\, da\,,$$

da nach (37. 2) in abgekürzter Schreibweise (§ 16) $\omega_t = G(\xi_t, \eta_t)$ ist. Nun ist aber, weil $\mu > 0$, nach (5. 5), (2)

$$\mu G(\xi_t, \eta_t) = G(\mu\xi_t, \mu\eta_t) = G(\dot{x}, \dot{y})\,,$$

folglich wird (12) nach (5. 6), (5. 11), (5. 12)

$$(13) \qquad \begin{aligned} \delta z &= G(\dot{x}, \dot{y})\, da = G_{\dot{x}}(\dot{x}, \dot{y})\, \dot{x}\, da + G_{\dot{y}}(\dot{x}, \dot{y})\, \dot{y}\, da \\ &= G_{x'}(\xi_t, \eta_t)\, \delta x + G_{y'}(\xi_t, \eta_t)\, \delta y\,. \end{aligned}$$

Setzt man diesen Wert in (11) ein, so tilgen sich dort wegen (37. 18) die mit λ vervielfachten Glieder, und es bleibt

$$\delta w = F_{x'} \delta x + F_{y'} \delta y = (\dot{x} F_{x'} + \dot{y} F_{y'})\, da\,,$$

d. h. (14) $\qquad \delta(w_0 + \overline{I}_{03}) = F(\dot{x}, \dot{y})\, da\,.$

Andrerseits ist auf $\mathfrak{H}$, wenn 5 dort festgehalten wird,

$$I_{35} = \int_{a_3}^{a_5} F(\dot{x}, \dot{y})\, da\,, \qquad (15) \quad \delta I_{35} = -F(\dot{x}, \dot{y})\, da\,;$$

aus (14) und (15) folgt

$$\delta(w_0 + \overline{I}_{03} + I_{35}) = 0\,.$$

Hiernach ist der Wert der Größe $w_0 + \overline{I}_{03} + I_{35}$ von a unabhängig; er ergibt sich, wenn 3 nach 5 rückt, zum Betrage (9). — Entsprechend findet man (10), indem man (13) in der Gestalt

$$\delta(z_0 + \overline{K}_{03}) = G(\dot{x}, \dot{y})\, da$$

und die auf $\mathfrak{H}$ bestehende Beziehung $\delta K_{35} = -G(\dot{x}, \dot{y})\, da$ zusammenzählt.

---

[1]) In ihnen ersetze man den Punkt 1 durch 3. – (11) kam in der Gestalt (44. 6) vor, in der man den Punkt 6 durch 0 bezeichne.

Der Hüllensatz (9), (10) zeigt das *Aufhören des Extrems*: Ein von zwei konjugierten Punkten 2, 5 begrenzter Extremalenbogen $\mathfrak{E}_{25}$ liefert kein gebundenes Extrem der Größe w; denn auf der Vergleichskurve, die aus $\mathfrak{E}_{03}$ und $\mathfrak{H}_{35}$ besteht und der Größe z nach (10) denselben Wert wie $\mathfrak{E}_{25}$ erteilt, kommt nach (9) derselbe Wert von w zustande wie auf $\mathfrak{E}_{25}$.

So erweist der Hüllensatz[1]) die Jacobische Bedingung auch bei der isoperimetrischen Aufgabe als *notwendig*.

§ 47. Beispiele

Beispiel 7 (§ 42). Auf jedem Kreise der Doppelschar (42. 1), (42. 2) ist der erste[2]) zu 2 konjugierte Punkt nach (42. 3) durch den Wert $t_4 = \varphi_4 = \beta + \pi$ gegeben, er fällt also mit 2 zusammen; in diesen Punkt schrumpft die Hülle nach (42. 1)[3]). (46. 9), (46. 10) vereinfachen sich wegen $I_{35} = K_{35} = 0$ zu der Aussage, daß Inhalte und Umfänge aller *Voll*kreise (42. 1) gleich sind, wie dies bei *gleichem Halbmesser* — λ eintritt (Abb. 20).

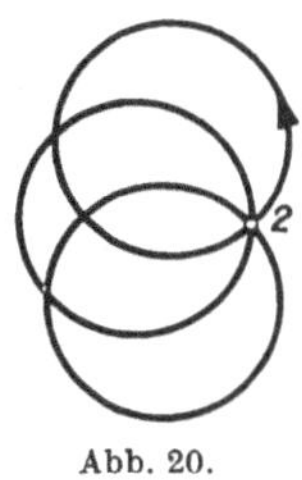

Abb. 20.

Ohne auf die Ausnahmerolle dieses Falles einzugehen[4]), wenden wir uns dem fesselnderen *zweiten* konjugierten Punkte 3 zu, in dem nach (42. 3)

$$(1) \qquad t = t_3 = \varphi_3 = \beta + T$$

wird[5]). Die Differentialgleichung (46. 6) lautet, wenn man darin Polarkoordinaten statt rechtwinkliger benutzt und wie vorher $t = \varphi$ setzt,

---

[1]) Unter Ausschluß des vor seinem Beweise genannten Ausnahmefalles $\mu = 0$ (2).

[2]) Man spricht vom ersten, zweiten . . . konjugierten Punkte entsprechend den aufeinanderfolgenden Nullstellen von Δ (39. 4).

[3]) Ihr anderer Bestandteil, der Kreis mit dem Halbmesser — 2λ um 2, kommt nicht in Betracht, weil er von den Kreisen (42. 1) *vor* dem konjugierten Punkte berührt wird.

[4]) Nachprüfung zeigt, daß in 2 die über (46. 7) gemachte Annahme nicht erfüllt ist.

[5]) Vgl. S. 110, Anm. [1]); $T > \pi$.

$$R_\lambda d\lambda + R_\beta d\beta = -2\sin(\varphi-\beta)\,d\lambda + 2\,\lambda\cos(\varphi-\beta)\,d\beta = 0$$

nach (42. 1); hieraus wird nach (1)

$$\frac{d\lambda}{\lambda} = \operatorname{ctg} T\,d\beta .$$

Die Integration ergibt, wenn zu $\mathfrak{E}_{23}$ die Werte λ_0, β_0 gehören,

$$\log\frac{\lambda}{\lambda_0} = (\beta-\beta_0)\operatorname{ctg} T, \quad (2)\quad \lambda = \lambda_0 e^{(\beta-\beta_0)\operatorname{ctg} T} ;$$

durch Einsetzung von (2) in (42. 1) findet man als ausgezeichnete einfache Extremalenschar (46. 8)

$$r = -2\,\lambda_0 e^{(\beta-\beta_0)\operatorname{ctg} T}\sin(\varphi-\beta).$$

Ihre Hülle ist nach (1)

$$r = -2\,\lambda_0\sin T e^{(\varphi-T-\beta_0)\operatorname{ctg} T},$$

also eine logarithmische Spirale $\mathfrak{L}$ (Abb. 21), deren doppelte

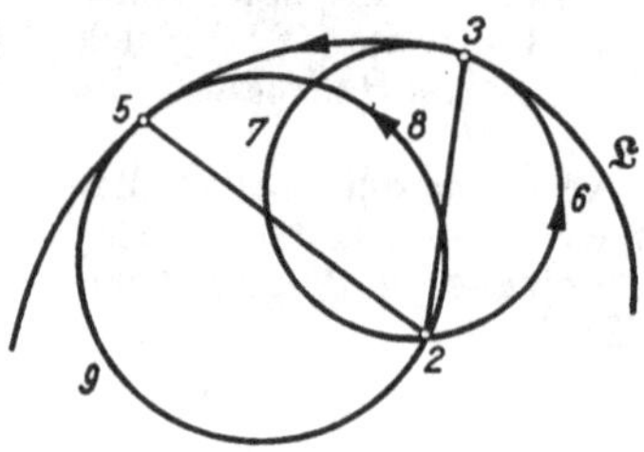

Abb. 21.

Evoluteneigenschaft folgendes besagt: $\mathfrak{L}$ berühre die Kreise 2637263 und 2859285 in 3 und 5. Bezeichnet dann $\mathfrak{Ar}$ die vom Fahrstrahl aus 2 überstrichene Fläche und arc den Bogen, so ist

$$\mathfrak{Ar}\ 2859285 - \mathfrak{Ar}\ 2637263 = \mathfrak{Ar}\ 35,$$

$$\text{arc}\ 2859285 - \text{arc}\ 2637263 = \text{arc}\ 35;$$

dabei beziehen sich die rechten Seiten auf das Hüllenstück 35. Die Bestätigung des Hüllensatzes durch elementares Nachrechnen unterbleibt in diesem und dem nächsten Beispiele.

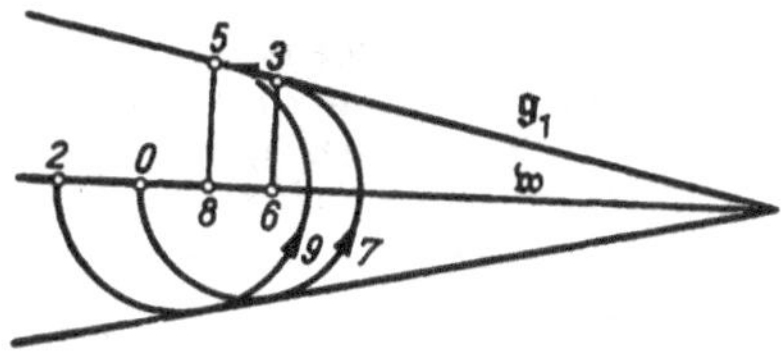

Abb. 22

Als solches diene die Aufgabe § 45, b) (2). Dort lautet die Differentialgleichung (46. 6), wenn man nach (45. 3) $t = T$ setzt, $\sin T = S$, $\cos T = C$ abkürzt und b durch λ ersetzt, $d\lambda = C da$; durch Integration erhält man, wenn $a = a_0$, $\lambda = \lambda_0$ auf $\mathfrak{E}_{03}$,

$$(3) \qquad \lambda - \lambda_0 = C(a - a_0).$$

Trägt man (3) und $t = T$ in (45. 2) ein, so findet man die Hülle

$$x = S^2 a + C(Ca_0 - \lambda_0), y = -SCa + S(Ca_0 - \lambda_0);$$

es ist die Gerade $\mathfrak{g}_1$

$$Cx + Sy = Ca_0 - \lambda_0,$$

die mit der x-Achse $\mathfrak{w}$, dem Orte der Kreismitten, den Winkel $T + \frac{\pi}{2}$ bildet. Die ausgezeichnete einfache Kreisschar (45. 2), (3) berührt also zwei zu $\mathfrak{w}$ spiegelbildliche Gerade $\mathfrak{g}_1$, $\mathfrak{g}_2$, deren hohler Winkel $3\pi - 2T$ beträgt (Abb. 22).

Der Hüllensatz läßt sich so fassen: $\mathfrak{g}_1$ berühre die Kreise 073 und 295 in 3 und 5; sind dann 6, 8 die Projektionen von 3, 5 auf $\mathfrak{w}$, so ist

$$\mathfrak{A}\mathrm{r}\, 29582 - \mathfrak{A}\mathrm{r}\, 07360 = \mathfrak{A}\mathrm{r}\, 35863, \quad \mathrm{arc}\, 295 - \mathrm{arc}\, 073 = |35|.$$

§ 48. Die isoperimetrische Eigenschaft des Vollkreises

Die in § 38, § 42 erörterte Eigenschaft eines Kreis*bogens* legt die Vermutung nahe, daß *unter den geschlossenen, stückweise regulären Kurven $\mathfrak{B}$ gegebenen Umfangs U der Kreis $\mathfrak{K}$ die größte Fläche $I(\mathfrak{K})$ umspanne*; wir wollen sie mit Hilfe der vorstehenden Entwicklungen bestätigen. Dies geschieht in zwei Schritten, indem wir zeigen:

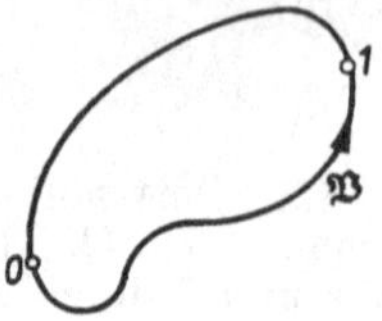

Abb. 23.

a) $\mathfrak{B}$ zerfalle durch die Punkte 0 und 1 in zwei Stücke $\mathfrak{B}_1$, $\mathfrak{B}_2$ von der Länge $\frac{1}{2}U$ (Abb. 23). Dann ist die von $\mathfrak{B}$ begrenzte Fläche $I(\mathfrak{B})$, die durch die Sehne 01 in zwei Teile zerlegt wird, kleiner als die Summe S der Flächen der beiden Kreisabschnitte $\mathfrak{A}_1$, $\mathfrak{A}_2$, die von der Sehne 01 und den beiden Kreisbögen $\mathfrak{K}_1$, $\mathfrak{K}_2$ der Länge $\frac{1}{2}U$ gebildet werden.

b) S ist höchstens gleich der Fläche des Vollkreises vom Umfange U.

a) Nach § 42 ist in leichtverständlicher Bezeichnung bei positivem Umlauf um $\mathfrak{A}_1$ und $\mathfrak{A}_2$

$$(1)\qquad I(\mathfrak{A}_1) = I(0\,\mathfrak{K}_1\,1) > I(0\,\mathfrak{B}_1\,1),$$

$$(2)\qquad I(\mathfrak{A}_2) = I(1\,\mathfrak{K}_2\,0) > I(1\,\mathfrak{B}_2\,0).$$

(1) und (2) zusammengezählt ergeben in der Tat

$$I(\mathfrak{A}_1) + I(\mathfrak{A}_2) = S > I(\mathfrak{B});$$

die rechts zunächst auftretende Summe $I(0\,\mathfrak{B}_1\,1) + I(1\,\mathfrak{B}_2\,0)$ stellt ja entweder von vornherein oder, da sie beim Tausche der Namen $\mathfrak{B}_1$ und $\mathfrak{B}_2$ das Zeichen wechselt, nach einem solchen den nichtnegativen Inhalt $I(\mathfrak{B})$ dar.

b) $I(\mathfrak{A}_1)$ hängt vom Zentriwinkel t des Kreisbogens $\mathfrak{K}_1$ ab. Da dieser den Halbmesser $U/2t$ besitzt, so ist der gemeinsame Wert von $I(\mathfrak{A}_1)$ und $I(\mathfrak{A}_2)$

$$\frac{1}{2}\cdot S = \frac{t}{2}\left(\frac{U}{2t}\right)^2 - \frac{1}{2}\left(\frac{U}{2t}\right)^2 \sin t = \frac{U^2}{8}\,\frac{t - \sin t}{t^2}\,;$$

es kommt auf sein Extrem an. Nun ist

$$\frac{d}{dt}(4U^{-2}S) = -\frac{1}{t^2} - \frac{t^2\cos t - 2t\sin t}{t^4}$$

$$= 4t^{-3}\cos\frac{t}{2}\left(\sin\frac{t}{2} - \frac{t}{2}\cos\frac{t}{2}\right).$$

Diese Größe verschwindet im Gebiete $0 < t < 2\pi$ nur an der Stelle $t = \pi$[1]), an der sie bei zunehmenden t von positiven Werten zu negativen übergeht; daher hat $I(\mathfrak{A}_1)$ für $t = \pi$ ein Maximum. Dann ist $\mathfrak{A}_1$ ein Halbkreis, S die Fläche eines ganzen Kreises vom Umfange U.

§ 49. Die isoperimetrische Eigenschaft der Vollkugel

Ein räumliches Seitenstück zu § 48 bietet der Satz, daß *die Kugel k unter den Körpern C von gegebener Oberfläche $O(C)$ den größten Rauminhalt besitzt.* Man erkennt ihn dadurch als richtig, daß man folgende beiden Aussagen bestätigt:

a) k hat größeren Rauminhalt $R(k)$ als jeder andere Drehkörper D von der Oberfläche $O(D) = O(k) = O(C)$.

b) Ist C kein Drehkörper, so kann man einen solchen Drehkörper $\mathfrak{d}$ herstellen, daß

$$R(\mathfrak{d}) = R(C), \qquad (1) \quad O(\mathfrak{d}) < O(C).$$

Dann schließt man nämlich so: Ist $\mathfrak{k}$ die Kugel mit $O(\mathfrak{k}) = O(\mathfrak{d})$, so ist $R(\mathfrak{k}) > R(\mathfrak{d})$; vergrößert man $\mathfrak{k}$ zu k, so wird erst recht $R(k) > R(\mathfrak{d}) = R(C)$.

a) Wir lösen im Anschluß an § 45 (Beispiele 7, 10) die isoperimetrische Aufgabe (*Beispiel* 11), in der oberen Hälfte $\mathfrak{O}$ der (x, y)-Ebene die Kurve $\mathfrak{m}$ zu finden, die, um die x-Achse $\mathfrak{a}$ gedreht, den Körper von größtem Rauminhalte $\mathfrak{R}$ und gegebener Oberfläche $2\pi l$ erzeugt. Genauer soll $\mathfrak{m}$ von einem nicht vorgeschriebenen Punkte 0 auf $\mathfrak{a}$ ausgehen und durch $\mathfrak{O}$ zu einem in $\mathfrak{O}$ gegebenen Punkte 1 ($x_1 < x_0$, Bezugskreuz

---

[1]) Vgl. S. 110, Anm. [1]).

wie in Abb. 19) hin laufen, der auch auf $\mathfrak{a}$ liegen darf; die Ebene $x = x_1$ schließt $\mathfrak{R}$ ab. Man setzt an

$$\delta(I + \lambda K) = 0, \quad (2) \quad I = \int y^2 x' dt, \quad I = -\pi^{-1}\mathfrak{R} < 0,$$

$$(3) \qquad K = \int y \sqrt{x'^2 + y'^2}\, dt.$$

(37. 18), (37. 20) liefern

$$(4) \qquad H = y^2 x' + \lambda y \sqrt{x'^2 + y'^2},$$

$$(5) \qquad H_{x'} = y^2 + \frac{\lambda y x'}{\sqrt{x'^2 + y'^2}} = c.$$

$y_0 = 0$, in (5) eingesetzt, gibt $c = 0$; läßt man $y = 0$ in (5) als belanglos beiseite, so folgt $x' = 0$ an $\mathfrak{a}$, $\mathfrak{m}$ verläßt $\mathfrak{a}$ also senkrecht. (43. 9) mit $w_0 = z_0 = 0$ besagt, daß

$$y\left[\left(y + \frac{\lambda x'}{\sqrt{x'^2 + y'^2}}\right)\delta x + \frac{\lambda y'}{\sqrt{x'^2 + y'^2}}\delta y\right] = 0$$

sein muß an $\mathfrak{a}$. Dies trifft zu; auch die eckige Klammer verschwindet an $\mathfrak{a}$, da dort $\delta y = 0$, $x' = 0$. Aus (5) folgt weiter

$$y + \frac{\lambda}{\sqrt{1 + p^2}} = 0, \quad dx = \frac{y\, dy}{\sqrt{\lambda^2 - y^2}}, \quad x = -\sqrt{\lambda^2 - y^2} + a$$

mit festem a. Die Extremalen sind mithin die positiv durchlaufenen Kreise $\mathfrak{c}$ mit den Mitten auf $\mathfrak{a}$. Die Gleichung der räumlichen Doppelschar (39. 3) läßt sich schreiben

$$(6) \quad x = a + \lambda \cos t, \qquad (7) \quad y = \lambda \sin t, \qquad (8) \quad \lambda > 0,$$

$$(9) \quad z = \lambda^2(1 - \cos t), \quad (10) \quad 0 \leqq t \leqq \pi;$$

(9) folgt aus (3), (6), (7). Durch 1 gibt es gerade einen Kreis $\mathfrak{c}_{01}$ (6), (7), für den (9) den Wert l hat, wo l der Beziehung

$$(11) \qquad l = \overline{K}_{01} = \int y\, ds > \int_0^{y_1} y\, dy = \tfrac{1}{2} y_1^2$$

unterliegt. Setzt man nämlich in (6), (7), (9) für x, y, z die Werte x_1, y_1, l ein, so erhält man die Gleichung

$$l = \frac{y_1^2}{\sin^2 t}(1 - \cos t), \quad (12) \quad \cos\frac{t}{2} = \frac{y_1}{\sqrt{2l}};$$

diese aber liefert stets gerade einen Wert $t > 0$ aus (10), da ihre nicht negative rechte Seite wegen (11) unter 1 liegt. Nach t bestimmt sich λ aus (7), a aus (6).

Eine Rechnung, die ganz der von (45. 2) zu (45. 3) führenden entspricht, ergibt für (39. 4)

$$\Delta(t, a, \lambda) = \lambda^2(1 - \cos t)^2, \quad (13) \quad \Delta(0, a, \lambda) = 0^{1)}, \quad \Delta > 0$$

für $0 < t \leqq \pi$; demnach gibt es keinen Brennpunkt. Ferner erhält man nach (4) und (40. 10) [vgl. (42. 4)]

$$\mathfrak{E} = \lambda y \sqrt{\dot{x}^2 + \dot{y}^2}(1 - \cos\chi); \quad \text{also in } \mathfrak{D} \quad (14) \quad \mathfrak{E} > 0$$

nach (8). Auf Grund von (14) liefert die durch Drehung von $\mathfrak{c}_{01}$ um $\mathfrak{a}$ entstehende Kugelhaube h ein Maximum von $\mathfrak{R}$ (2); h hat sogar größeren Inhalt als *jeder* Vergleichs-Drehkörper M mit der Oberfläche $2\pi l$. Bewiesen wird dies dadurch, daß die Weierstraßsche Konstruktion trotz (13) unbeschränkt ausführbar ist: Ist 3 ein beliebiger Punkt des Meridians $\mathfrak{B}_{21}(\tau)$ (§ 44) von M, so kann man, wie sich bei der Bestimmung der Festwerte zeigte, gerade eine Extremale $\mathfrak{c}_{63}$ durch 3 legen, so daß $\overline{K}_{63} = K_{23}$. Besonders zu erörtern bleibt nur der Fall, daß $\mathfrak{B}_{21}$ mit einer zu $\mathfrak{a}$ senkrechten geraden Strecke $\underline{25}$ beginnt. Zwar gilt dann in jedem von 5 verschiedenen Punkte 3 des Bogens $\mathfrak{B}_{15}$ das vorher Gesagte, in 5 aber gibt es keinen eigentlichen, auf $\mathfrak{a}$ senkrechten Kreis $\mathfrak{c}_{65}$, so daß $\overline{K}_{65} = K_{25}\,(= \frac{1}{2}y_5^2)$ wäre. Vielmehr nähert sich $\mathfrak{c}_{63}$, wenn 3 auf $\mathfrak{B}_{15}$ gegen 5 läuft, der geraden Strecke $\underline{25}$ als Grenzlage; dabei gilt

$$(15) \lim \overline{I}_{63} = I_{\underline{25}} = I_{25}(=0), (16) \lim \overline{K}_{63} = K_{\underline{25}} = K_{25}(=\tfrac{1}{2}y_5^2).$$

Nach (15) wird $W(\tau_5 + 0) = 0$, also nach § 44

$$\mathfrak{D} = I_{21} - \overline{I}_{01} = W(\tau_1) = W(\tau_1) - W(\tau_5 + 0) = \int_5^1 \mathfrak{E}\,d\tau,$$

[1] Vgl. die Anm. zu S. 108.

mithin wegen (14) auch in diesem Falle $\mathfrak{D} > 0$. — Bei der besonderen Annahme, daß 1 auf $\mathfrak{a}$ liegt, ergibt sich a).

b) C werde von jeder Ebene $x = \text{const.}$, $x_0 \leqq x \leqq x_1$, in einer geschlossenen stückweise regulären Kurve $\mathfrak{C}$ geschnitten. Ist $Q(x)$ der von $\mathfrak{C}$ begrenzte positive Flächeninhalt, so ist

$$(17) \qquad R(C) = \int_{x_0}^{x_1} Q(x)\,dx,$$

Die Oberfläche von C stellen wir mittels der Formel dar

$$(18) \qquad O(C) = \iint \sqrt{\xi^2 + \eta^2 + \zeta^2}\,du\,dv,$$

in der mehrere der in § 12 gebrauchten Bezeichnungen verwendet sind. Als Parameter benutzen wir $u = x$, $v = s$, wo jetzt s, auch S die Bogenlänge auf $\mathfrak{C}$ bedeutet; dann wird

$$(19) \qquad \xi = \frac{\partial(y, z)}{\partial(x, s)}, \eta = \frac{\partial(z, x)}{\partial(x, s)} = -\frac{\partial z}{\partial s},$$

$$\zeta = \frac{\partial(x, y)}{\partial(x, s)} = \frac{\partial y}{\partial s}, \ \eta^2 + \zeta^2 = 1.$$

Bezeichnet man mit $U(x)$ den Umfang von $\mathfrak{C}$, so wird (18)

$$(20) \quad O(C) = \iint \sqrt{1 + \xi^2}\,dx\,ds = \int_{x_0}^{x_1} dx \int_0^{U(x)} \sqrt{1 + \xi^2}\,ds.$$

Wir schätzen $O(C)$ mit Hilfe von $Q'(x)$, $U(x)$ ab (30); hierzu stellen wir zuerst eine Beziehung (23) zwischen $Q'(x)$, $U(x)$, ξ her. Indem wir $y = \Psi(x, s)$, $z = X(x, s)$ auf $\mathfrak{C}$ als periodische Funktionen von s mit der Periode $U(x)$, also von $\sigma = s / U(x)$ mit der Periode 1 ansehen, gehen wir von der Formel aus

$$(21) \qquad Q(x) = \tfrac{1}{2} \int_0^{U(x)} (y z_s - z y_s)\,ds = \tfrac{1}{2} \int_0^1 (y z_\sigma - z y_\sigma)\,d\sigma.$$

In der Absicht, ξ (19) einzuführen, leiten wir nach x ab,

$$(22) \quad Q'(x) = \tfrac{1}{2} \int_0^1 (y_x z_\sigma - z_x y_\sigma)\,d\sigma + \tfrac{1}{2} \int_0^1 (y z_{\sigma x} - z y_{\sigma x})\,d\sigma.$$

Nun ist aber

$$y z_{\sigma x} - z y_{\sigma x} = \frac{\partial}{\partial \sigma} (y z_x - z y_x) - (y_\sigma z_x - z_\sigma y_x),$$

folglich wird in (22) das zweite Integral rechts

$$\tfrac{1}{2}(y z_x - z y_x)\Big|_0^1 - \tfrac{1}{2}\int_0^1 (y_\sigma z_x - z_\sigma y_x)\, d\sigma = \tfrac{1}{2}\int_0^1 (y_x z_\sigma - z_x y_\sigma)\, d\sigma;$$

der integralfreie Teil verschwindet wegen des erwähnten periodischen Verhaltens von y, z. (22) ergibt also

$$Q'(x) = \int_0^1 \frac{\partial(y, z)}{\partial(x, \sigma)}\, d\sigma = \int_0^{U(x)} \xi\, ds. \tag{23}$$

Zur Abschätzung der Größe (20) setzt man

$$t(s) = \int_0^s \xi(x, \mathfrak{s})\, d\mathfrak{s}, \tag{24}$$

$$\int_0^S \sqrt{1 + \xi^2}\, ds = \int_{s=0}^{s=S} \sqrt{ds^2 + dt^2} \tag{25}$$

und benützt eine bei den Bezeichnungen

$$\text{(26)}\quad t(S) = T, \qquad \text{(27)}\quad \cos\theta = \frac{S\,dS + T\,dT}{\sqrt{S^2 + T^2}\,\sqrt{dS^2 + dT^2}}$$

gültige Identität mit nichtnegativer rechter Seite,

$$d\left(\int_0^S \sqrt{ds^2 + dt^2} - \sqrt{S^2 + T^2}\right) = \sqrt{dS^2 + dT^2}\,(1 - \cos\theta). \tag{28}$$

Von $S = 0$ bis $S = U(x)$ integriert, liefert sie nach (25), (26), (24), (23)

$$\int_0^{U(x)} \sqrt{1 + \xi^2}\, ds - \sqrt{U(x)^2 + Q'(x)^2} > 0, \tag{29}$$

es sei denn, daß in (28) $\theta = 0$ ist für alle S. Nach (27) gibt das $SdT - TdS = 0$, $T = \alpha S$ mit einem von S unabhängigen α, also nach (24) $\xi = \alpha$; diese Ausnahme bedeutet, daß die Normale $\mathfrak{n}$ auf C längs $\mathfrak{C}$ mit $\mathfrak{a}$ einen festen Winkel bildet, wie dies z. B. auf den Drehflächen mit der Achse $\mathfrak{a}$ gilt. Aus (29), (20) folgt

$$(30) \qquad O(C) \geqq \int_{x_0}^{x_1} \sqrt{U(x)^2 + Q'(x)^2}\, dx = \mathfrak{o}.$$

Gleichheit gilt nur, wenn der genannte Ausnahmefall bei allen Werten der Abszisse x in ihrem Spielraum eintritt.

Jetzt erzeugt man über $[x_0 x_1]$ einen Drehkörper $\mathfrak{d}$ mit der Achse $\mathfrak{a}$, dessen Querschnitt an der Stelle x ein Kreis $\mathfrak{K}$ vom Inhalte $Q(x)$ ist. $\mathfrak{d}$ hat denselben Rauminhalt (17) wie C; seine Oberfläche ist nach der zu (30) gemachten Bemerkung

$$(31) \quad O(\mathfrak{d}) = \int_{x_0}^{x_1} \sqrt{\mathfrak{U}(x)^2 + Q'(x)^2}\, dx, \; \mathfrak{U}(x) = 2\sqrt{\pi Q(x)}\,.$$

Nun ist nach der Umkehrung[1]) des in § 48 bewiesenen Satzes $\mathfrak{U}(x) < U(x)$; es wird — um die Ausnahmen vorwegzunehmen — $\mathfrak{U}(x) = U(x)$ nur, wenn $\mathfrak{C}$ selbst ein Kreis des Inhalts $Q(x)$ ist. Nur wenn dies für alle x gilt, ist $O(\mathfrak{d}) = \mathfrak{o}$, und (30) $O(\mathfrak{d}) = O(C)$ nur, wenn außerdem $\cos(\mathfrak{n}, \mathfrak{a})$ von s unabhängig; dann aber erweist sich C wie folgt selbst als Drehkörper: Daß alle $\mathfrak{C}$ Kreise sind, drückt sich auf C durch Gleichungen der Form aus

$$(32) \quad y - p(x) = r(x)\cos v, \quad z - q(x) = r(x)\sin v$$

mit $u = x$, $v = 2\pi\sigma$ als Flächenparametern. Aus (32) findet man in den Bezeichnungen (12. 15)

$$\xi = Ar(x), \quad \eta = -r(x)\cos v, \quad \zeta = -r(x)\sin v,$$
$$A = A(x, v) = p'(x)\cos v + q'(x)\sin v + r'(x);$$

daher wird

$$\cos(\mathfrak{n}, \mathfrak{a}) = \xi(\xi^2 + \eta^2 + \zeta^2)^{-1/2} = A(1 + A^2)^{-1/2}.$$

[1]) Siehe den letzten Absatz des § 37 und des § 41.

Soll $\cos(\mathfrak{n}, \mathfrak{a})$, also A von s d. h. von v unabhängig sein, so muß

$$p'(x) = q'(x) = 0, \text{ folglich } p(x) = \beta, \quad q(x) = \gamma$$

sein mit festen β, γ; diese Werte führen, in (32) eingesetzt, wirklich zu einer Drehfläche mit einer Achse der Richtung $\mathfrak{a}$. Nun tritt a) in Kraft.

Sonst — d. h. wenn jener doppelte Ausnahmefall nicht eintritt — gilt nach (30), (31) stets (1); dann aber kann man den Schluß b) ziehen.

Sach- und Namensverzeichnis

Sammlung Göschen

Gesamtverzeichnis

Jeder Band DM 3,60 · Doppelband DM 5,80
Dreifachband DM 7,80

1969

Walter de Gruyter & Co · Berlin 30

Die Bände der **Sammlung Göschen** vermitteln in konzentrierter Form den grundlegenden Stoff für das Studium der einzelnen wissenschaftlichen Disziplinen. Sie sind nicht nur Hilfsmittel für die Arbeit an Universitäten und Hochschulen, sondern auch vorzüglich geeignet für Fachschulen, Arbeitskreise und zum Selbststudium. Die Fülle des Materials hat sich besonders für die Vorbereitung zu Examina und Prüfungen bewährt. Auch eine schnelle Orientierung geht hier niemals auf Kosten der Gründlichkeit.

Inhaltsübersicht

Geisteswissenschaften

Philosophie

Einführung in die Philosophie von H. Leisegang†. 6. Aufl. 146 S. 1966. (281)

Hauptprobleme der Philosophie von G. Simmel†. 8., unveränd. Aufl. 177 S. 1964. (500)

Geschichte der Philosophie

I: Die griechische Philosophie von W. Capelle. 1. Tl. Von Thales bis Leukippos. 3., erw. Aufl. Etwa 135 S. In Vorb (857)

II: Die griechische Philosophie von W. Capelle. 2. Tl. Von der Sophistik bis zum Tode Platons. 3., stark erw. Aufl. Etwa 144 S. In Vorb. (858)

III: Die griechische Philosophie von W. Capelle. 3. Tl. Vom Tode Platons bis zur Alten Stoa. 2., stark erw. Aufl. 132 S. 1954. (859)

IV: Die griechische Philosophie von W. Capelle. 4. Tl. Von der Alten Stoa bis zum Eklektizismus im 1. Jh. v. Chr. 2., stark erw. Aufl. 132 S. 1954. (863)

V: Die Philosophie des Mittelalters von J. Koch. In Vorb. (826)

VI: Von der Renaissance bis Kant von K. Schilling. 234 S. 1954. (394/394a)

VII: Immanuel Kant von F. Kaulbach. In Vorb. (536)

VIII: Die Philosophie des 19. Jahrhunderts von G. Lehmann. 1. Tl. 151 S. 1953. (571)

IX: Die Philosophie des 19. Jahrhunderts von G. Lehmann. 2. Tl. 168 S. 1953. (709)

X: Die Philosophie im ersten Drittel des 20. Jahrhunderts 1. Tl. von G. Lehmann. 128 S. 1957. (845)

XI: Die Philosophie im ersten Drittel des 20. Jahrhunderts 2. Tl. von G. Lehmann. 114 S. 1960. (850)

Die geistige Situation der Zeit (1931) von K. Jaspers. 6. Abdr. der im Sommer 1932 bearb. 5. Aufl. 211 S. 1965. (1000)

Formale Logik von P. Lorenzen. 3., durchges. u. erw. Aufl. 184 S. 1967. (1176/1176a)

Philosophisches Wörterbuch von M. Apel†. 5., völl. neu bearb. Aufl. von P. Ludz. 315 S. 1958. (1031/1031a)

Philosophische Anthropologie. Menschliche Selbstdeutung in Geschichte und Gegenwart von M. Landmann. 3., überarb. u. erw. Aufl. 222 S. 1969. (156/156a)

Pädagogik, Psychologie, Soziologie

Geschichte der Pädagogik von Herm. Weimer. 17., neubearb. Aufl. von Heinz Weimer. 205 S. 1967. (145/145a)

Allgemeine Psychologie von Th. Erismann†. 4 Bde.
I: Grundprobleme. 3. Aufl. 146 S. 1965. (831)
II: Grundarten des psychischen Geschehens. 2., neubearb. Aufl. 248 S. 1959. (832/832a)
III: Experimentelle Psychologie und ihre Grundlagen. 1. Tl. 2., neubearb. Aufl. 112 S., 7 Abb. 1962. (833)
IV: Experimentelle Psychologie und ihre Grundlagen. 2. Tl. 2., neubearb. Aufl. 199 S., 20 Abb. 1962. (834/834a)

Psychologie des Berufs- und Wirtschaftslebens von W. Moede†. 190 S. 48 Abb. 1958. (851/851a)

Therapeutische Psychologie. Ihr Weg durch die Psychoanalyse von W. M. Kranefeldt. M. e. Einf. von C. G. Jung. 3. Aufl. 152 S. 1956. (1034)

Sozialpsychologie von P. R. Hofstätter. 3. Aufl. 191 S., 18 Abb. 1967. (104/104a)

Soziologie. Geschichte und Hauptprobleme von L. von Wiese. 8. Aufl. 183 S. 1967. (101/101a)

Ideengeschichte der sozialen Bewegung des 19. und 20. Jh. von W. Hofmann. 2., neubearb. u. erg. Aufl. unt. Mitw. von W. Abendroth. 296 S. 1968. (1205/1205a)

Methoden der empirischen Sozialforschung von P. Atteslander. Unt. Mitarb. von K. Baumgartner, F. Haag, J. Ötterli, R. Steiner. 313 S. 1969. (1229/1229a)

Religionssoziologie von G. Kehrer. 158 S. 1968. (1228)

Wirtschaftssoziologie von F. Fürstenberg. 122 S. 1961. (1193)

Industrie- und Betriebssoziologie von W. Burisch. 5., neubearb. u. erw. Aufl. der bisherigen Darstellung von R. Dahrendorf. Etwa 214 S., 3 Fig. 1969. (103/103a)

Einführung in die Sozialethik von H.-D. Wendland. 144 S. 1963. (1203)

Religion

Jesus von M. Dibelius†. 4. Aufl. m. e. Nachtr. von W. G. Kümmel. 140 S. 1966. (1130)

Paulus von M. Dibelius†. Nach dem Tode des Verf. hrsg. u. zu Ende gef. von W. G. Kümmel. 3., durchges. Aufl. 156 S. 1964. (1160)

Luther von F. Lau. 2., verb. Aufl. 153 S. 1966. (1187)

Melanchthon von R. Stupperich. 139 S. 1960. (1190)

Zwingli von F. Schmidt-Clausing. 119 S. 1965. (1219)

Friedrich Schleiermacher. Leben und Werk (1768 bis 1834) von M. Redeker. 320 S., 3 Bildn. 1968. (1177/1177a)

Sören Kierkegaard. Leben und Werk von H. Gerdes. 134 S. 1966. (1221)

Einführung in die Konfessionskunde der orthodoxen Kirchen von K. Onasch. 291 S. 1962. (1197/1197a)

Geschichte des christlichen Gottesdienstes von W. Nagel. 215 S. 1962. (1202/1202a)

Geschichte Israels. Von den Anfängen bis zur Zerstörung des Tempels (70 n. Chr.) von E. L. Ehrlich. 2. Aufl. In Vorb. (231/231a)

Römische Religionsgeschichte von F. Altheim. 2 Bde. 2., umgearb. Aufl.
I: Grundlagen und Grundbegriffe. 116 S. 1956. (1035)
II: Der geschichtliche Ablauf. 164 S. 1956. (1052)

Die Religion des Buddhismus von D. Schlingloff. 2 Bde.
I: Der Heilsweg des Mönchstums. 122 S., 11 Abb., 1 Kte. 1962. (174)
II: Der Heilsweg für die Welt. 129 S., 9 Abb., 1 Kte. 1963. (770)

Musik

Musikästhetik von H. J. Moser. 180 S. M. zahlr. Notenbeisp. 1953. (344)

Systematische Modulation von R. Hernried. 2. Aufl. 136 S. M. zahlr. Notenbeisp. 1950. (1094)

Der polyphone Satz von E. Pepping. 2 Bde.
I: Der cantus-firmus-Satz. 2. Aufl. 223 S. Mit zahlr. Notenbeisp. 1950. (1148)
II: Übungen im doppelten Kontrapunkt und im Kanon. 137 S. M. zahlr. Notenbeisp. 1957. (1164/1164a)

Allgemeine Musiklehre von H. J. Moser. 3. Aufl. 154 S. M. zahlr. Notenbeisp. 1968. (220/220a)

Harmonielehre von H. J. Moser. 2. Aufl. 109 S. M. 122 Notenbeisp. 1968. (809)

Die Musik des 19. Jahrhunderts von W. Oehlmann. 180 S. 1953. (170)

Die Musik des 20. Jahrhunderts von W. Oehlmann. 312 S. 1961. (171/171a)

Technik der deutschen Gesangskunst von H. J. Moser. 3., durchges. u. verb. Aufl. 144 S., 5 Fig., sowie Tab. u. Notenbeisp. 1954. (576/576a)

Die Kunst des Dirigierens von H. W. von Waltershausen†. 2., verm. Aufl. 138 S. M. 19 Notenbeisp. 1954. (1147)

Die Technik des Klavierspiels aus dem Geiste des musikalischen Kunstwerkes von K. Schubert†. 3. Aufl. 110 S. M. Notenbeisp. 1954. (1045)

Kunst

Stilkunde von H. Weigert. 2 Bde.
I: Vorzeit, Antike, Mittelalter. 4. Aufl. Etwa 136 S., 94 Abb. In Vorb. (80)
II: Spätmittelalter und Neuzeit. 3., durchges. u. erg. Aufl. 150 S., 88 Abb. 1958. (781)

Archäologie von A. Rumpf. 3 Bde.
I: Einleitung, historischer Überblick. 143 S., 6 Abb., 12 Taf. 1953. (538)
II: Die Archäologensprache. Die antiken Reproduktionen. 136 S., 7 Abb., 12 Taf. 1956. (539)
III: In Vorb. (540)

Geschichte

Einführung in die Geschichtswissenschaft von P. Kirn. 5., bearb. u. erg. Aufl. von J. Leuschner. 134 S. 1968. (270)

Einführung in die Zeitgeschichte von B. Scheurig. 101 S. 1962. (1204)

Zeitrechnung der römischen Kaiserzeit, des Mittelalters und der Neuzeit für die Jahre 1—2000 n. Chr. von H. Lietzmann†. 3. Aufl., durchges. von K. Aland. 130 S. 1956. (1085)

Kultur der Urzeit von F. Behn. 3 Bde. 4. Aufl. der Kultur der Urzeit Bd. 1—3 von M. Hoernes.
I: Die vormetallischen Kulturen. (Die Steinzeiten Europas. Gleichartige Kulturen in anderen Erdteilen.) 172 S., 48 Abb. 1950. (564)
II: Die älteren Metallkulturen. (Der Beginn der Metallbenutzung, Kupfer- und Bronzezeit in Europa, im Orient und in Amerika.) 160 S., 67 Abb. 1950. (565)
III: Die jüngeren Metallkulturen. (Das Eisen als Kulturmetall, Hallstatt-Latène-Kultur in Europa. Das erste Auftreten des Eisens in den anderen Weltteilen.) 149 S., 60 Abb. 1950. (566)

Vorgeschichte Europas von F. Behn. Neuaufl. In Vorb. (42)

Der Eintritt der Germanen in die Geschichte von J. Haller†. 4. Aufl., durchges. von H. Dannenbauer. 120 S., 6 Kartensk. In Vorb. (1117)

Von den Karolingern zu den Staufern. Die altdeutsche Kaiserzeit (900—1250) von J. Haller†. 5., durchges. Aufl. von H. Dannenbauer. 142 S., 4 Ktn. In Vorb. (1065)

Von den Staufern zu den Habsburgern. Auflösung des Reichs und Emporkommen der Landesstaaten (1250—1519) von J. Haller†. 2., durchges. Aufl. von H. Dannenbauer. 118 S., 6 Kartensk. 1960. (1077)

Deutsche Geschichte im Zeitalter der Reformation, der Gegenreformation und des dreißigjährigen Krieges von F. Hartung. 2., durchges. Aufl. 128 S. 1963. (1105)

Deutsche Geschichte von 1648—1740. Politischer und geistiger Wiederaufbau von W. Treue. 120 S. 1956. (35)

Deutsche Geschichte von 1713—1806. Von der Schaffung des europäischen Gleichgewichts bis zu Napoleons Herrschaft von W. Treue. 168 S. 1957. (39)

Deutsche Geschichte von 1806—1890. Vom Ende des alten bis zur Höhe des neuen Reiches von W. Treue. 128 S. 1961. (893)

Deutsche Geschichte von 1890 bis zur Gegenwart von W. Treue. In Vorb. (894)

Quellenkunde der Deutschen Geschichte im Mittelalter (bis zur Mitte des 15. Jahrhunderts) von K. Jacob†. 3 Bde.
I: Einleitung. Allgemeiner Teil. Die Zeit der Karolinger. 6. Aufl., bearb. von H. Hohenleutner. 127 S. 1959. (279)
II: Die Kaiserzeit (911—1250). 6. Aufl. von H. Hohenleutner. 141 S. 1968. (280)
III: Das Spätmittelalter (vom Interregnum bis 1500). Hrsg. von F. Weden. 2. Aufl. In Vorb. (284)

Geschichte Englands von H. Preller. 2 Bde.
I: bis 1815. 4., erw. Aufl. 128 S., 7 Stammtaf., 1 Kte. 1967. (375)
II: Von 1815 bis 1910. 2., völl. umgearb. Aufl. 118 S., 1 Stammtaf., 7 Ktn. 1954. (1088)

Römische Geschichte von F. Altheim. 4 Bde. 2., verb. Aufl.
I: Bis zur Schlacht bei Pydna (168 v. Chr.). 124 S. 1956. (19)
II: Bis zur Schlacht bei Actium (31 v. Chr.). 129 S. 1956. (677)
III: Bis zur Schlacht an der Milvischen Brücke (312 n. Chr.). 148 S. 1958. (679)
IV: Bis zur Schlacht am Yarmuk (636 n. Chr.). In Vorb. (684)

Geschichte der Vereinigten Staaten von Amerika von O. Graf zu Stolberg-Wernigerode. 192 S., 10 Ktn. 1956. (1051/1051a)

Deutsche Sprache und Literatur

Geschichte der deutschen Sprache von H. Sperber. Neubearb. von P. von Polenz. 6. Aufl. 136 S. 1968. (915)

Deutsches Rechtschreibungswörterbuch von M. Gottschaldt†. 2., verb. Aufl. 269 S. 1953. (200/200a)

Deutsche Wortkunde. Kulturgeschichte des deutschen Wortschatzes von A. Schirmer. 6. Aufl. von W. Mitzka. 125 S. 1969. Im Druck. (929)

Deutsche Sprachlehre von W. Hofstaetter. 10. Aufl. Völl. Umarb. der 8. Aufl. 150 S. 1960. (20)

Stimmkunde für Beruf, Kunst und Heilzwecke von H. Biehle. 111 S. 1955. (60)

Redetechnik. Einführung in die Rhetorik von H. Biehle. 3., neubearb. Aufl. 212 S. 1968. (61/61a)

Einführung in die Phonetik von M. Schubiger. 1969. In Vorb. (1217/1217a)

Grundlagen der Sprecherziehung von J. Jesch. 93 S., 8 Abb. 1967. (1122)

Deutsches Dichten und Denken von der germanischen bis zur staufischen Zeit von H. Naumann†. (Deutsche Literaturgeschichte vom 5.—13. Jahrhundert.) 3., verb. Aufl. In Vorb. (1121)

Deutsches Dichten und Denken vom Mittelalter zur Neuzeit von G. Müller (1270 bis 1700). 3., durchges. Aufl. In Vorb. (1086)

Deutsches Dichten und Denken von der Aufklärung bis zum Realismus (Deutsche Literaturgeschichte von 1700—1890) von K. Viëtor†. 4. Aufl. In Vorb. (1096)

Deutsche Heldensage von H. Schneider. 2. Aufl., bearb. von R. Wisniewski. 148 S. 1964. (32)

Der Nibelunge Nôt in Auswahl. Mit kurzem Wörterbuch hrsg. von K. Langosch. 11., durchges. Aufl. 166 S. 1966. (1)

Kudrun und Dietrich-Epen in Auswahl mit Wörterbuch von O. L. Jiriczek. 6. Aufl., bearb. von R. Wisniewski. 173 S. 1957. (10)

Wolfram von Eschenbach, Parzival. Eine Auswahl mit Anmerkungen und Wörterbuch von H. Jantzen. 3. Aufl., bearb. von H. Kolb. 128 S. 1966. (921)

Hartmann von Aue. Der arme Heinrich nebst einer Auswahl aus der „Klage", dem „Gregorius" und den „Liedern" (mit einem Wörterverzeichnis) 2., verb. Aufl., hrsg. von F. Maurer. 96 S. 1968. (18)

Gottfried von Straßburg. Tristan und Isolde in Auswahl hrsg. von F. Maurer. 2. Aufl. 142 S. 1965. (22)

Die deutschen Personennamen von M. Gottschald†. 2., verb. Aufl. 151 S. 1955. (422)

Althochdeutsches Elementarbuch. Grammatik und Texte von H. Naumann† u. W. Betz. 4., verb. u. verm. Aufl. 183 S. 1967. (1111/1111a)

Mittelhochdeutsche Grammatik von H. de Boor u. R. Wisniewski. 5., durchges. Aufl. 150 S. 1967. (1108)

Indogermanisch, Germanisch

Indogermanische Sprachwissenschaft von H. Krahe. 2 Bde.
I: Einleitung und Lautlehre. 5. Aufl. 110 S. 1966. (59)
II: Formenlehre. 5., neubearb. Aufl. 100 S. 1969. (64)

Sanskrit-Grammatik mit sprachvergleichenden Erläuterungen von M. Mayrhofer. 2., völl. neu bearb. Aufl. 110 S. 1965. (1158/1158a)

Altirische Grammatik von J. Pokorny. 2. Aufl. In Vorb. (896/896a)

Gotisches Elementarbuch. Grammatik. Texte mit Übersetzung und Erläuterungen von H. Hempel. 4., neubearb. Aufl. 169 S. 1966. (79/79a)

Altnordisches Elementarbuch. Einführung, Grammatik, Texte (zum Teil mit Übersetzung) und Wörterbuch von F. Ranke. 3., völl. umgearb. Aufl. von D. Hofmann. 205 S. 1967. (1115/1115a/1115b)

Germanische Sprachwissenschaft von H. Krahe. 3 Bde.
I: Einleitung und Lautlehre. 7. Aufl. bearb. von W. Meid. 1969. In Vorb. (238)
II: Formenlehre. 6. Aufl. 149 S. 1967. (780)
III: Wortbildungslehre von W. Meid. 270 S. 1967. (1218/1218a/1218b)

Englisch, Romanisch

Altenglisches Elementarbuch. Einführung, Grammatik, Texte mit Übersetzung und Wörterbuch von M. Lehnert. 7., verb. Aufl. 178 S. 1969. (1125)

Mittelenglisches Elementarbuch. Einführung, Grammatik, Texte mit Übersetzung und Wörterbuch von H. Weinstock. 239 S. 1968. (1226/1226a/1226b)

Historische neuenglische Laut- und Formenlehre von E. Ekwall. 4., verb. Aufl. 150 S. 1965. (735)

Englische Phonetik von H. Mutschmann†. 2. Aufl., bearb. von G. Scherer. 127 S. 1963. (601)

Englische Literaturgeschichte von F. Schubel. 4 Bde.
I: Die alt- und mittelenglische Periode. 2., neubearb. Aufl. 189 S. 1967. (1114/1114a)
II: Von der Renaissance bis zur Aufklärung. 160 S. 1956. (1116)
III: Romantik und Viktorianismus. 160 S. 1960. (1124)

Beowulf. Eine Auswahl mit Einführung, teilweiser Übersetzung, Anmerkungen und etymologischem Wörterbuch von M. Lehnert. 4., verb. Aufl. 135 S. 1967. (1135)

Shakespeare von P. Meißner†. 2. Aufl., neubearb. von M. Lehnert. 136 S. 1954. (1142)

Romanische Sprachwissenschaft von H. Lausberg. 4 Bde.
I: Einleitung und Vokalismus. 3., durchges. Aufl. 211 S. 1969. (128/128a)
II: Konsonantismus. 2., durchges. Aufl. 95 S. 1967. (250)
III: Formenlehre. 1. Teil. 99 S. 1962. (1199)
III Formenlehre. 2. Teil. S. 99—260. 1962. (1200/1200a)
IV: Wortlehre. In Vorb. (1208)

Griechisch, Lateinisch

Griechische Sprachwissenschaft von W. Brandenstein. 3 Bde.
I: Einleitung, Lautsystem, Etymologie. 160 S. 1954. (117)
II: Wortbildung und Formenlehre. 192 S. 1959. (118/118a)
III: Syntax I. Einleitung. Die Flexibilien. 145 S. 1966. (924/924a)

Geschichte der griechischen Sprache. 2 Bde.
I: Bis zum Ausgang der klassischen Zeit von O. Hoffmann und A. Debrunner. 4., neubearb. Aufl. von A. Scherer. 1969. (111/111a)
II: Grundfragen und Grundzüge des nachklassischen Griechisch von A. Debrunner. 2. Aufl., bearb. von A. Scherer. 1969. (114/114a)

Geschichte der griechischen Literatur von W. Nestle. 2 Bde. 3. Aufl., bearb. von W. Liebich.
I: 144 S. 1961. (70)
II: 149 S. 1963. (557)

Grammatik der neugriechischen Volkssprache von J. Kalitsunakis. 3., wes. erw. u. verb. Aufl. 196 S. 1963. (756/756a)

Neugriechisch-deutsches Gesprächsbuch von J. Kalitsunakis. 2. Aufl., bearb. von A. Steinmetz. 99 S. 1960. (587)

Geschichte der lateinischen Sprache von F. Stolz u. A. Debrunner†. 4., stark umgearb. Aufl. von W. P. Schmid. 145 S. 1966. (492/492a)

Geschichte der römischen Literatur von L. Bieler. 2., verb. Aufl. 2 Bde.
I: Die Literatur der Republik. 160 S. 1965. (52)
II: Die Literatur der Kaiserzeit. 133 S. 1965. (866)

Orientalistik, Slavistik

Die Keilschrift von B. Meissner. 3., völl. neu bearb. Aufl. von K. Oberhuber. 164 S., 6 Abb. 1967. (708/708a/708b)

Die Hieroglyphen von A. Erman. 3. Aufl., neubearb. von O. Krückmann. In Vorb. (608/608a/608b)

Hebräische Grammatik von R. Meyer. 3 Bde.
I: Einleitung, Schrift- und Lautlehre. 3., neubearb. Aufl. 120 S. 1966. (763/763a/763b)
II: Formenlehre und Flexionstabellen. 3., neubearb. Aufl. 221 S. 1969. (764/764a/764b)
III: Satzlehre. In Vorb. (765/765a/765b)

Hebräisches Textbuch zu G. Beer-R. Meyer, Hebräische Grammatik von R. Meyer. 170 S. 1960. (769/769a)

Slavische Sprachwissenschaft von H. Bräuer. 5 Bde.
I: Einleitung, Lautlehre. 221 S. 1961. (1191/1191a)
II: Formenlehre. 1. Tl. 190 S. 1969. (1192/1192a/1192b)
III: Formenlehre. 2. Tl. 160 S. 1969. (1236/1236a)

Vergleichende Geschichte der slavischen Literaturen von D. Tschižewskij. 2 Bde.
I: Einführung. Anfänge des slavischen Schrifttums bis zum Klassizismus. 186 S. 1968. (1222/1222a)
II: Von der Romantik bis zur Moderne. 133 S. 1968. (1223)

Russische Grammatik von E. Berneker†. 6., verb. Aufl. von M. Vasmer†. 155 S. 1961. (66)

Polnische Grammatik von N. Damerau. 139 S. 1967. (942/942a)

Erd- und Länderkunde, Kartographie

Afrika von F. Jaeger. Ein geographischer Überblick. 2 Bde. 3. Aufl.
I: Der Lebensraum. 179 S., 18 Abb. In Vorb. (910)
II: Mensch und Kultur. 155 S., 6 Abb. In Vorb. (911)

Australien und Ozeanien von H. J. Krug. 176 S., 46 Sk. 1953. (319)

Kartographie von V. Heissler. 3. Aufl. 213 S., 125 Abb., 8 Anl. 1968. (30/30a)

Wirtschaft, Statistik, Publizistik

Allgemeine Betriebswirtschaftslehre von K. Mellerowicz. 4 Bde. 12. u. 13., durchges., erw. u. veränd. Aufl.
I: 224 S. 1969. (1008/1008a)
II: 188 S. 1966. (1153/1153a)
III: 260 S. 1967. (1154/1154a)
IV: 217 S. 1968. (1186/1186a)

Allgemeine Volkswirtschaftslehre von A. Paulsen. 4 Bde.
I: Grundlegung, Wirtschaftskreislauf. 8. Aufl. 159 S., 11 Abb. 1968. (1169)
II: Haushalte, Unternehmungen, Marktformen. 8. Aufl. 203 S., 35 Abb. 1968. (1170/1170a)
III: Produktionsfaktoren. 5., neubearb. u. erg. Aufl. 228 S., 24 Abb. 1967. (1171/1171a)
IV: Gesamtbeschäftigung, Konjunkturen, Wachstum. 5. Aufl. 188 S. 1968. (1172)

Übungsaufgaben mit Lösungen zu A. Paulsen, Allgemeine Volkswirtschaftslehre I/II von W. Wedig. 177 S. 1967. (1227/1227a)

Geschichte der Volkswirtschaftslehre von S. Wendt. 2., neubearb. Aufl. 184 S. 1968. (1194/1194a)

Allgemeine Volkswirtschaftspolitik von H. Ohm. 2 Bde.
I: Systematisch-theoretische Grundlegung. 3., verb. u. erg. Aufl. Etwa 160 S., 7 Abb. 1969. (1195)
II: Der volkswirtschaftliche Gesamtorganismus als Objekt der Wirtschaftspolitik. Etwa 180 S. 1969. (1196/1196a)

Finanzwissenschaft von H. Kolms. 4 Bde.
I: Grundlegung, Öffentliche Ausgaben. 3., verb. Aufl. 165 S. 1966. (148)
II: Erwerbseinkünfte, Gebühren und Beiträge, Allgemeine Steuerlehre. 3., verb. Aufl. 154 S. 1966. (391)
III: Besondere Steuerlehre. 2., verb. u. erg. Aufl. 205 S. 1967. (776/776a)
IV: Öffentlicher Kredit, Öffentlicher Haushalt. Finanzausgleich. 191 S. 1964. (782/782a)

Finanzmathematik von M. Nicolas. 2., verb. Aufl. 192 S., 11 Taf., 8 Tab. u. 72 Beisp. 1967. (1183/1183a)

Programmierung von Datenverarbeitungsanlagen von H. J. Schneider u. D. Jurksch. 111 S., 8 Tab., 11 Abb. 1967. (1225/1225a)

Lineare Programmierung von H. Langen. Etwa 200 S. In Vorb. (1206/1206a)

Betriebsverbindungen von E. Grochla. Etwa 262 S., 12 Abb. 1969. (1235/1235a)

Buchhaltung und Bilanz von E. Kosiol. 2., überarb. u. veränd. Aufl. 186 S. 1967. (1213/1213a)

Kostenrechnung und Betriebsbuchhaltung von E. Kosiol. Etwa 250 S., 43 Abb. 1969. (1214/1214a)

Industrie- und Betriebssoziologie von W. Burisch. 5., neubearb. u. erw. Aufl. der bisherigen Darstellung von R. Dahrendorf. Etwa 214 S., 3 Fig. 1969. (103/103a)

Wirtschaftssoziologie von F. Fürstenberg. 122 S. 1961. (1193)

Psychologie des Berufs- und Wirtschaftslebens von W. Moede†. 190 S. 48 Abb. 1958. (851/851a)

Einführung in die Arbeitswissenschaft von H. H. Hilf. 169 S., 57 Abb. 1964. (1212/1212a)

Allgemeine Methodenlehre der Statistik von J. Pfanzagl. 2 Bde.
I: Elementare Methoden unter besonderer Berücksichtigung der Anwendungen in den Wirtschafts- und Sozialwissenschaften. 4., verb. Aufl. 266 S., 51 Abb. 1967. (746/746a)
II: Höhere Methoden unter besonderer Berücksichtigung der Anwendungen in Naturwissenschaften, Medizin und Technik. 3., verb. Aufl. 315 S., 41 Abb. 1968. (747/747a)

Werbung von C. Hundhausen. Etwa 112 S. 1969. (1231)

Wirtschaftswerbung von C. Hundhausen. 1969. In Vorb. (1232)

Public Relations von C. Hundhausen. 1969. Im Druck. (1233)

Propaganda von C. Hundhausen. In Vorb. (1234)

Zeitungslehre von E. Dovifat. 2 Bde. 5., neubearb. Aufl.
I: Theoretische und rechtliche Grundlagen — Nachricht und Meinung — Sprache und Form. 162 S. 1967. (1039/1039a)
II: Redaktion — Die Sparten: Verlag und Vertrieb, Wirtschaft und Technik — Sicherung der öffentlichen Aufgabe. 179 S. 1967. (1040/1040a)

Naturwissenschaften

Mathematik

Geschichte der Mathematik von J. E. Hofmann. 4 Bde.
I: Von den Anfängen bis zum Auftreten von Fermat und Descartes. 2., verb. u verm. Aufl. 251 S. 1963. (226/226a)
II: Von Fermat und Descartes bis zur Erfindung des Calculus und bis zum Ausbau der neuen Methoden. 109 S. 1957. (875)
III: Von den Auseinandersetzungen um den Calculus bis zur französischen Revolution. 107 S. 1957. (882)
IV. Geschichte der Mathematik der neuesten Zeit von N. Stuloff. In Vorb. (883)

Mathematische Formelsammlung von F. O. Ringleb. 8., verb. Aufl. 322 S., 40 Fig. 1968. (51/51a)

Vierstellige Tafeln und Gegentafeln für logarithmisches und trigonometrisches Rechnen in zwei Farben zusammengestellt von H. Schubert und R. Haussner. 3., neubearb. Aufl. von J. Erlebach. 158 S. 1960. (81)

Fünfstellige Logarithmen mit mehreren graphischen Rechentafeln und häufig vorkommenden Zahlenwerten von A. Adler. 4. Aufl., überarb. von J. Erlebach. 127 S., 1 Taf. 1962. (423)

Arithmetik von P. B. Fischer†. 3. Aufl. von H. Rohrbach. 152 S., 19 Abb. 1958. (47)

Höhere Algebra von H. Hasse. 2 Bde. 5., neubearb. Aufl.
I: Lineare Gleichungen. 150 S. 1963. (931)
II: Gleichungen höheren Grades. 158 S., 5 Fig. 1967. (932)

Aufgabensammlung zur höheren Algebra von H. Hasse u. W. Klobe. 3., verb. Aufl. 183 S. 1961. (1082)

Elementare und klassische Algebra vom modernen Standpunkt von W. Krull. 2 Bde.
I: 3., erw. Aufl. 148 S. 1963. (930)
II: 132 S. 1959. (933)

Algebraische Kurven und Flächen von W. Burau. 2 Bde.
I: Algebraische Kurven der Ebene. 153 S., 28 Abb. 1962. (435)
II: Algebraische Flächen 3. Grades und Raumkurven 3. und 4. Grades. 162 S., 17 Abb. 1962. (436/436a)

Einführung in die Zahlentheorie von A. Scholz†. Überarb. u. hrsg. von B. Schoeneberg. 4. Aufl. 128 S. 1966. (1131)

Formale Logik von P. Lorenzen. 3., durchges. u. erw. Aufl. 184 S. 1967. (1176/1176a)

Topologie von W. Franz. 2 Bde.
I: Allgemeine Topologie. 3. Aufl. 144 S., 9 Fig. 1968. (1181)
II: Algebraische Topologie. 153 S. 1965. (1182/1182a)

Elemente der Funktionentheorie von K. Knopp†. 7. Aufl. 144 S., 23 Fig. 1966. (1109)

Funktionentheorie von K. Knopp†. 2 Bde. 11. Aufl.
I: Grundlagen der allgemeinen Theorie der analytischen Funktionen. 144 S., 8 Fig. 1965. (668)
II: Anwendungen und Weiterführung der allgemeinen Theorie. 130 S., 7 Fig. 1965. (703)

Aufgabensammlung zur Funktionentheorie von K. Knopp†. 2 Bde.
I: Aufgaben zur elementaren Funktionentheorie. 7. Aufl. 135 S. 1965. (877)
II: Aufgaben zur höheren Funktionentheorie. 6. Aufl. 151 S. 1964. (878)

Differential- und Integralrechnung von M. Barner. 4 Bde.
I: Grenzwertbegriff, Differentialrechnung. 2., durchges. Aufl. 176 S., 39 Fig. 1963. (86)

Gewöhnliche Differentialgleichungen von G. Hoheisel. 7., neubearb. u. erw. Aufl. 142 S. 1965. (920/920a)

Partielle Differentialgleichungen von G. Hoheisel. 5. Aufl. 130 S. 1968. (1003)

Aufgabensammlung zu den gewöhnlichen und partiellen Differentialgleichungen von G. Hoheisel. 4., neubearb. Aufl. 153 S. 1964. (1059/1059a)

Integralgleichungen von G. Hoheisel. 2., neubearb. u. erw. Aufl. 112 S. 1963. (1099)

Mengenlehre von E. Kamke. 6. Aufl. 194 S., 6 Fig. 1969. (999/999a)

Gruppentheorie von L. Baumgartner. 4., erw. Aufl. 190 S., 3 Taf. 1964. (837/837a)

Ebene und sphärische Trigonometrie von G. Hessenberg†. 5. Aufl., durchges. von H. Kneser. 172 S., 60 Fig. 1957. (99)

Darstellende Geometrie von W. Haack. 3 Bde.
I: Die wichtigsten Darstellungsmethoden. Grund- und Aufriß ebenflächiger Körper. 6. Aufl. 113 S., 120 Abb. 1967. (142)
II: Körper mit krummen Begrenzungsflächen. Kotierte Projektionen. 5. Aufl. 129 S., 86 Abb. 1968. (143)
III: Axonometrie und Perspektive. 3. Aufl. 129 S., 100 Abb. 1965. (144)

Analytische Geometrie von K. P. Grotemeyer. 3., neubearb. Aufl. 218 S., 73 Abb. 1964. (65/65a)

Nichteuklidische Geometrie. Hyperbolische Geometrie der Ebene von R. Baldus†. 4. Aufl., bearb. u. erg. von F. Löbell. 158 S., 75 Fig. 1964. (970/970a)

Differentialgeometrie von K. Strubecker. 3 Bde.
I: Kurventheorie der Ebene und des Raumes. 2., erw. Aufl. 253 S., 45 Fig. 1964. (1113/1113a)

II: Theorie der Flächenmetrik. 2., erg. Aufl. 261 S., 23 Fig. 1969. (1179/1179a)
III: Theorie der Flächenkrümmung. 2., verb. Aufl. 264 S., 38 Fig. 1969. (1180/1180a)

Variationsrechnung vou L. Koschmieder. 2 Bde. 2., neubearb. Aufl.
I: Das freie und gebundene Extrem einfacher Grundintegrale. 128 S., 23 Fig. 1962. (1074)
II: Anwendung klassischer Verfahren auf allgemeine Fragen des Extrems. — Neuere unmittelbare Verfahren. In Vorb. (1075)

Einführung in die konforme Abbildung von L. Bieberbach. 6., neubearb. Aufl. 184 S., 41 Zeichng 1967. (768/768a)

Vektoren und Matrizen von S. Valentiner. 4. Aufl. (11., erw. Aufl. der „Vektoranalysis"). Mit Anh.: Aufgaben zur Vektorrechnung von H. König. 206 S., 35 Fig. 1967. (354/354a)

Wahrscheinlichkeitstheorie und Grundzüge der Maßtheorie von H. Bauer.
154 S. 1964. (1216/1216a)

Kinematik von H. R. Müller. 171 S., 75 Fig. 1963. (584/584a)

Versicherungsmathematik von F. Böhm. 2 Bde.
I: Elemente der Versicherungsrechnung 4. Aufl. In Vorb. (180)
II: Lebensversicherungsmathematik. Einführung in die technischen Grundlagen der Sozialversicherung. 2., verb. u. verm. Aufl. 205 S. 1953. (917/917a)

Finanzmathematik von M. Nicolas. 2., verb. Aufl. 192 S., 11 Taf., 8 Tab. u. 72 Beisp. 1967. (1183/1183a)

Lineare Programmierung von H. Langen. Etwa 200 S. In Vorb.(1206/1206a)

Programmierung von Datenverarbeitungsanlagen von H. J. Schneider u. D. Jurksch. 111 S., 8 Tab., 11 Abb. 1967. (1225/1225a)

Physik

Einführung in die theoretische Physik von W. Döring. 5 Bde.
I: Mechanik. 3., verb. Aufl. 125 S., 23 Abb. 1965. (76)
II: Das elektromagnetische Feld. 3., verb. Aufl. 143 S., 16 Abb. 1968. (77/77a)
III: Optik. 2., verb. Aufl. 117 S., 32 Abb. 1963. (78)
IV: Thermodynamik. 2., verb. Aufl. 107 S., › Abb. 1964. (374)
V: Statistische Mechanik. 2., umgearb. Aufl. 117 S., 10 Abb. 1966. (1017)

Mechanik deformierbarer Körper von M. Päsler. 199 S., 48 Abb. 1960. (1189/1189a)

Atomphysik von K. Bechert, Ch. Gerthsen† u. A. Flammersfeld. 4 Bde. 4., durchges. Aufl.
I: Allgemeine Grundlagen. 1. Teil von A. Flammersfeld. Neuaufl. in Vorb. (1009)
II: Allgemeine Grundlagen. 2. Teil von A. Flammersfeld. Neuaufl. in Vorb. (1033)
III: Theorie des Atombaus. 1. Teil von K. Bechert. 148 S., 16 Abb. 1963. (1123/1123a)

IV: Theorie des Atombaus. 2. Teil von K. Bechert. 170 S., 14 Abb. 1963. (1165/1165a)

Differentialgleichungen der Physik von F. Sauter. 4., durchges. u. erg. Aufl. 147 S., 16 Fig. 1966. (1070)

Physikalische Grundbegriffe und Formeln von G. Mahler†. Fortgef. von K. Mahler. Neubearb. von E. Sohr. 12. Aufl. d. „Physikalischen Formelsammlung". 171 S., 58 Fig. 1968. (136)

Physikalische Aufgabensammlung mit Ergebnissen von G. Mahler†. Fortgef. von K. Mahler. Neubearb. von E. Sohr. 13. Aufl. Etwa 160 S. (243)

Chemie

Geschichte der Chemie in kurzgefaßter Darstellung von G. Lockemann. 2 Bde. 2. Aufl.
I: Vom Altertum bis zur Entdeckung des Sauerstoffs. 142 S., 4 Bildn. In Vorb. (264)
II: Von der Entdeckung des Sauerstoffs bis zur Gegenwart. 151 S., 16 Bildn. In Vorb. (265/265a)

Anorganische Chemie von W. Klemm. 14. Aufl. 255 S., 34 Abb. 1967. (37/37a)

Organische Chemie von W. Schlenk jun. 11., durchges. Aufl. 273 S., 16 Abb. 1968. (38/38a)

Physikalische Methoden in der Organischen Chemie von G. Kresze. 2 Bde.
I: 119 S., 65 Abb. 1962. (44)
II: 164 S 1962. (45/45a)

Allgemeine und physikalische Chemie von W. Schulze. 2 Bde.
I: 6., verb. Aufl. 139 S., 10 Fig. 1964. (71)
II: 6., erw. Aufl 222 S., 49 Fig. 1968. (698/698a)

Molekülbau. Theoretische Grundlagen und Methoden der Strukturermittlung von W. Schulze. 2. Aufl. In Vorb. (786)

Einfache Versuche zur allgemeinen und physikalischen Chemie von E. Dehn. 371 Versuche m. 40 Abb. 272 S. 1962. (1201/1201a)

Physikalisch-chemische Rechenaufgaben von E. Asmus. 4., verb. Aufl. 96 S. 1967. (445)

Maßanalyse. Theorie und Praxis der klassischen und der elektrochemischen Titrierverfahren von G. Jander und K. F. Jahr. 11., durchges. Aufl. mitbearb. von H. Knoll. 359 S., 56 Fig. 1966. (221/221a)

Qualitative Analyse von H. Hofmann u. G. Jander. 3., durchges. u. verb. Aufl. 308 S., 5 Abb. 1967. (247/247a)

Stöchiometrische Aufgabensammlung von W. Bahrdt† u. R. Scheer. Mit den Ergebnissen. 9., durchges. Aufl. 119 S. 1967. (452/452a)

Elektrochemie von K. Vetter. 2 Bde.
I: In Vorb. (252)
II: In Vorb. (253)

Geochemie von K. H. Wedepohl. 221 S., 26 Abb., 37 Tab. 1967. (1224/1224a/1224b)

Kristallchemie von J. Zemann. 144 S., 90 Abb. 1966. (1220/1220a)

Technologie

Die Chemie der Kunststoffe von K. Hamann. 2., neu überarb. Aufl. unt. Mitarb. von W. Funke u. K. Nollen. 177 S. 1967. (1173/1173a)

Warenkunde von K. Hassak u. E. Beutel†. 2 Bde.
I: Anorganische Waren sowie Kohle und Erdöl. 8. Aufl. Neubearb. von A. Kutzelnigg. 119 S., 18 Fig. 1958. (222)
II: Organische Waren. 8. Aufl. Vollst. neu bearb. von A. Kutzelnigg. 157 S., 32 Fig. 1959. (223)

Die Fette und Öle von Th. Klug. 6., verb. Aufl. 143 S. 1961. (335)

Die Seifenfabrikation von K. Braun†. 3., neubearb. u. verb. Aufl. von Th. Klug. 116 S., 18 Abb. 1953. (336)

Thermische Verfahrenstechnik von H. Bock. 3 Bde.
I: Eigenschaften und Verhalten der realen Stoffe. 184 S., 28 Abb. 1963. (1209/1209a)
II: Funktion und Berechnung der elementaren Geräte. 195 S., 54 Abb. 1964. (1210/1210a)
III: Fließbilder, ihre Funktion und ihr Zusammenbau aus Geräten. 224 S., 67 Abb. 1965. (1211/1211a)

Textilindustrie von A. Blümcke.
I: Spinnerei und Zwirnerei. 111 S., 43 Abb. 1954. (184)

Biologie

Einführung in die allgemeine Biologie und ihre philosophischen Grund- und Grenzfragen von M. Hartmann. 2., unveränd. Aufl. 132 S., 2 Abb. 1965. (96)

Hormone von W. Hanke. 3., völl. neu bearb. Aufl. Etwa 224 S., 38 Abb., 10 Tab. 1969. (1141/1141a)

Fortpflanzung im Tier- und Pflanzenreich von J. Hämmerling. 2., erg. Aufl. 135 S., 101 Abb. 1951. (1138)

Geschlecht und Geschlechtsbestimmung im Tier- und Pflanzenreich von M. Hartmann. 2., verb. Aufl. 116 S., 61 Abb., 7 Tab. 1951. (1127)

Symbiose der Tiere mit pflanzlichen Mikroorganismen von P. Buchner. 2., verb. u. verm. Aufl. 130 S., 121 Abb. 1949. (1128)

Grundriß der allgemeinen Mikrobiologie von W. u. A. Schwartz. 2 Bde. 2., verb. u. erg. Aufl.
I: 147 S., 25 Abb. 1960. (1155)
II: 142 S., 29 Abb. 1961. (1157)

Botanik

Entwicklungsgeschichte des Pflanzenreiches von H. Heil. 2. Aufl. 138 S., 94 Abb., 1 Tab. 1950. (1137)

Morphologie der Pflanzen von L. Geitler. 3., umgearb. Aufl. 126 S., 114 Abb. 1953. (141)

Pflanzengeographie von L. Diels†. 5., völl. neu bearb. Aufl. von F. Mattick. 195 S., 2 Ktn. 1958. (389/389a)

Die Laubhölzer. Kurzgefaßte Beschreibung der in Mitteleuropa gedeihenden Laubbäume und Sträucher von F. W. Neger† und E. Münch†. 3., durchges. Aufl., hrsg. von B. Huber. 143 S., 63 Fig., 7 Tab. 1950. (718)

Die Nadelhölzer (Koniferen) und übrigen Gymnospermen von F. W. Neger† und E. Münch†. 4. Aufl., durchges. u. erg. von B. Huber. 140 S., 75 Fig., 4 Tab., 3 Ktn. 1952. (355)

Pflanzenzüchtung von H. Kuckuck. 2 Bde.
I: Grundzüge der Pflanzenzüchtung. 4. Aufl. In Vorb. (1134)
II: Spezielle gartenbauliche Pflanzenzüchtung (Züchtung von Gemüse, Obst und Blumen). 2. Aufl. In Vorb. (1178/1178a)

Zoologie

Entwicklungsphysiologie der Tiere von F. Seidel. 2 Bde. 2. Aufl.
I: Ei und Furchung. In Vorb. (1162)
II: Körpergrundgestalt und Organbildung. In Vorb. (1163)

Vergleichende Physiologie der Tiere von K. Herter. 2 Bde. 4. Aufl. der „Tierphysiologie".
I: Stoff- und Energiewechsel. Neu bearb. von K. Urich. 158 S., 61 Abb. 1966. (972/972a)
II: Bewegung und Reizerscheinungen. Neu bearb. von G. Birukow. In Vorb. (973/973a)

Das Tierreich
I: Einzeller, Protozoen von E. Reichenow. 2. Aufl. Etwa 115 S., 59 Abb. In Vorb. (444)
II: Schwämme und Hohltiere von H. J. Hannemann. 95 S., 80 Abb. 1956. (442)
III: Würmer. Platt-, Hohl-, Schnurwürmer, Kamptozoen, Ringelwürmer, Protracheaten, Bärtierchen, Zungenwürmer von S. Jaeckel. 114 S., 36 Abb. 1955. (439)
IV, 1: Krebse von H. E. Gruner und K. Deckert. 114 S., 43 Abb. 1956. (443)
IV, 2: Spinnentiere (Trilobitomorphen, Fühlerlose) und Tausendfüßler von A. Kaestner. 96 S., 55 Abb. 1955. (1161)
IV, 3: Insekten von H. von Lengerken. 2., neubearb. Aufl. 140 S., 59 Abb. 1966. (594)
V: Weichtiere. Urmollusken, Schnecken, Muscheln und Kopffüßer von S. Jaeckel. 92 S., 34 Fig. 1954. (440)
VI: Stachelhäuter. Tentakulaten, Binnenatmer und Pfeilwürmer von S. Jaeckel. 100 S., 46 Abb. 1955. (441)

VII, 1: Manteltiere, Schädellose, Rundmäuler von H. Fechter. In Vorb. (448)
VII, 2: Fische von D. Lüdemann. 130 S., 65 Abb. 1955. (356)
VII, 3: Lurche (Chordatiere) von K. Herter. 143 S., 129 Abb. 1955. (847)
VII, 4: Kriechtiere (Chordatiere) von K. Herter. 200 S., 142 Abb. 1960. (447/447 a)
VII, 5: Vögel (Chordatiere) von H.-A. Freye. 156 S., 69 Fig. 1960. (869)
VII, 6: Säugetiere (Chordatiere) 1. Tl. von Th. Haltenorth. 220 S., 88 Abb. 1969. (282/282a/282b)
VII, 6: Säugetiere (Chordatiere) 2. Tl. von Th. Haltenorth. In Vorb. (283/283a/283b)

Land- und Forstwirtschaft

Landwirtschaftliche Tierzucht. Die Züchtung und Haltung der landwirtschaftlichen Nutztiere von H. Vogel. 139 S., 11 Abb. 1952. (228)

Kulturtechnische Bodenverbesserungen von O. Fauser. 2 Bde. 5., verb. u. verm. Aufl.
I: Allgemeines, Entwässerung. 127 S., 49 Abb. 1959. (691)
II: Bewässerung, Ödlandkultur, Flurbereinigung. 159 S., 71 Abb. 1961. (692)

Agrikulturchemie von K. Scharrer. 2 Bde.
I: Pflanzenernährung. 143 S. 1953. (329)
II: Futtermittelkunde. 192 S. 1956. (330/330a)

Geologie, Mineralogie, Kristallographie

Geologie von F. Lotze. 4., verb. Aufl. 184 S., 80 Abb. 1968. (13/13a)

Mineral- und Erzlagerstättenkunde von H. Huttenlocher†. 2 Bde. 2., neubearb. Aufl. von P. Ramdohr.
I: 137 S., 40 Abb., 2 Tab. 1965. (1014/1014a)
II: 135 S., 41 Abb. 1965. (1015/1015a)

Allgemeine Mineralogie. 12., wesentl. erw. Aufl. der „Mineralogie" von R. Braun s†, neubearb. von K. F. Chudoba. 159 S., 144 Textfig., 1 Taf., 3 Tab. 1968. (29/29a)

Spezielle Mineralogie. 11., erw. Aufl. der „Mineralogie" von R. Brauns†, bearb. von K. F. Chudoba. 193 S., 127 Textfig., 6 Tab. 1964. (31/31 a)

Petrographie (Gesteinskunde) von W. Bruhns†. Neubearb. von P. Ramdohr. 6., erw. Aufl. 141 S., 21 Fig. 1966. (173)

Geochemie von K. H. Wedepohl. 221 S., 26 Abb., 37 Tab. 1967. (1224/1224a/1224b)

Kristallchemie von J. Zemann. 144 S., 90 Abb. 1966. (1220/1220a)

Kristallographie von W. Bruhns†. 6. Aufl., neubearb. von P. Ramdohr. 115 S., 164 Abb. 1965. (210)

Einführung in die Kristalloptik von E. Buchwald. 5., verb. Aufl. 128 S., 117 Fig. 1963. (619/619a)

Lötrohrprobierkunde. Mineraldiagnose mit Lötrohr und Tüpfelreaktion von M. Henglein. 4., durchges. u. erw. Aufl. 108 S., 12 Fig. 1962. (483)

Technik

Graphische Darstellung in Wissenschaft und Technik von M. Pirani. 3., erw. Aufl. bearb. von J. Fischer unt. Benutzg. der von I. Runge bes. 2. Aufl. 216 S., 104 Abb. 1957. (728/728a)

Technische Tabellen und Formeln von W. Müller. 5., verb. u. erw. Aufl. von E. Schulze. 165 S., 114 Abb., 99 Taf. 1962. (579)

Einführung in die Arbeitswissenschaft von H. H. Hilf. 164 S., 57 Abb. 1964. (1212/1212a)

Grundlagen der Straßenverkehrstechnik. Theorie der Leistungsfähigkeit von E. Engel. 101 S., 55 Abb. 1962. (1198)

Elektrotechnik

Grundlagen der allgemeinen Elektrotechnik von O. Mohr. 3. Aufl. 260 S., 136 Bild., 14 Taf. 1965. (196/196a)

Die Gleichstrommaschine von K. Humburg. 2 Bde. 3. Aufl.
I: Etwa 102 S., 59 Abb. In Vorb. (257)
II: Etwa 101 S., 38 Abb. In Vorb. (881)

Die Synchronmaschine von W. Putz. 92 S., 64 Bild. 1962. (1146)

Induktionsmaschinen von F. Unger. 3. Aufl. In Vorb. (1140)

Die komplexe Berechnung von Wechselstromschaltungen von H. H. Meinke. 3., neubearb. Aufl. 185 S., 126 Abb. 1965. (1156/1156a)

Theoretische Grundlagen zur Berechnung der Schaltgeräte von F. Kesselring. 4., vollst. überarb. u. erw. Aufl. 231 S., 145 Abb., 14 Taf. 1968. (711/711a/711b)

Einführung in die Technik selbsttätiger Regelungen von W. zur Megede. 3., überarb. u. erw. Aufl. 263 S., 111 Abb. 1968. (714/714a/714b)

Elektromotorische Antriebe von W. Meyer. 225 S., 113 Abb. 1967. (827/827a/827b)

Überspannungen und Überspannungsschutz von G. Frühauf. Durchges. Neudr. 122 S., 98 Abb. 1950. (1132)

Elektrische Höchstspannungs-Schaltanlagen. Für Freiluft und Innenanordnung von G. Meiners u. K.-H. Wiesenewsky. 138 S., 58 Abb. 1964. (796/796a)

Transformatoren von W. Schäfer. 5., überarb. u. erg. Aufl. 130 S., 73 Abb. 1967. (952/952a)

Maschinenbau

Thermische Verfahrenstechnik von H. Bock. 3 Bde.
I: Eigenschaften und Verhalten der realen Stoffe. 184 S., 28 Abb. 1963. (1209/1209a)
II: Funktion und Berechnung der elementaren Geräte. 195 S., 54 Abb. 1964. (1210/1210a)
III: Fließbilder, ihre Funktion und ihr Zusammenbau aus Geräten. 224 S., 67 Abb. 1965. (1211/1211a)

Technische Thermodynamik von U. Grigull. 171 S., 74 Abb. 1966. (1084/1084a)

Metallkunde von H. Borchers. 3 Bde.
I: Aufbau der Metalle und Legierungen. 7. Aufl. 120 S., 90 Abb., 2 Tab. 1968. (432)
II: Eigenschaften, Grundzüge der Form- und Zustandsgebung. 6., neu bearb. Aufl. Etwa 240 S., 107 Abb., 10 Tab. 1969. Im Druck. (433/433a)
III: Die metallkundlichen Untersuchungsmethoden von E. Hanke. In Vorb. (434)

Die Werkstoffe des Maschinenbaues von A. Thum† und C. M. v. Meysenbug. 2 Bde.
I: Einführung in die Werkstoffprüfung. 3. Aufl. In Vorb. (476)
II: Die Konstruktionswerkstoffe. 132 S., 40 Abb. 1959. (936)

Dynamik von W. Müller. 2 Bde. 2., verb. Aufl.
I: Dynamik des Einzelkörpers. 128 S., 48 Fig. 1952. (902)
II: Systeme von starren Körpern. 102 S., 41 Fig. 1952. (903)

Technische Schwingungslehre von L. Zipperer. 2 Bde. 2., neubearb. Aufl.
I: Allgemeine Schwingungsgleichungen, einfache Schwinger. 120 S., 101 Abb. 1953. (953)
II: Torsionsschwingungen in Maschinenanlagen. 102 S., 59 Abb. 1955. (961/961a)

Werkzeugmaschinen für Metallbearbeitung von K. P. Matthes. 2 Bde.
I: 10r S., 27 Abb., 11 Zahlentaf., 1 Tafelanh. 1954. (561)
II: Fertigungstechnische Grundlagen der neuzeitlichen Metallbearbeitung. 101 S., 30 Abb., 5 Taf. 1955. (562)

Das Maschinenzeichnen mit Einführung in das Konstruieren von W. Tochtermann. 2 Bde. 4. Aufl.
I: Das Maschinenzeichnen. 156 S., 75 Taf. 1950. (589)
II: Ausgeführte Konstruktionsbeispiele. 130 S., 58 Taf. 1950. (590)

Die Maschinenelemente von E. A. vom Ende†. 4., überarb. Aufl. 184 S., 179 Fig., 11 Taf. 1963. (3/3a)

Die Maschinen der Eisenhüttenwerke von L. Engel. 156 S., 95 Abb. 1957. (583/583a)

Walzwerke von H. Sedlaczek†. 3., neubearb. Aufl. In Vorb. (580/580a)

Getriebelehre von P. Grodzinski†. 2 Bde. 3., neubearb. Aufl. von G. Lechner.
I: Geometrische Grundlagen. 164 S., 131 Fig. 1960. (1061)
II: Angewandte Getriebelehre. Etwa 220 S. 175 Bild. u. 4 Tab. 1969. (1062/1062a)

Kinematik von H. R. Müller. 171 S., 75 Fig. 1963. (584/584a)

Gießereitechnik von H. Jungbluth. 2 Bde.
I: Eisengießerei. 2. Aufl. In Vorb. (1159)

Die Dampfkessel einschließlich Feuerungen und Hilfseinrichtungen. Physikalische und chemische Grundlagen, Berechnung und Konstruktion, Vorschriften und Beispiele von W. Marcard. 3., neubearb. Aufl. von G. Beyer. 3 Bde.
I: Physikalische und chemische Grundlagen, Wärmelehre, Wärmeübertragung, Verbrennung. 133 S., 35 Bild., 26 Tab. 1964. (9/9a)
II: Berechnung und Konstruktion. Dampfkessel, Hilfseinrichtungen. Feuerungen, Berechnung. 108 S., 45 Bild. 1966. (521/521a)
III: Vorschriften und Beispiele Rechtliche Grundlagen, wärme- und festigkeitstechnische Berechnung, Ausrüstung. 116 S., 13 Bild., Tab., Übersichten. 1969. (1230/1230a)

Die Dampfturbinen. Ihre Wirkungsweise, Berechnung und Konstruktion von C. Zietemann. 3 Bde. 4. Aufl.
I: Theorie der Dampfturbinen. 139 S., 48 Abb. In Vorb. (274)
II: Die Berechnung der Dampfturbinen und die Konstruktion der Einzelteile. 132 S. 111 Abb. In Vorb. (715)
III: Die Regelung der Dampfturbinen, die Bauarten, Turbinen für Sonderzwecke, Kondensationsanlagen 126 S., 90 Abb. In Vorb. (716)

Verbrennungsmotoren (Kolbenmotoren) von W. Endres. 3 Bde.
I: Überblick. Motor-Brennstoffe, Verbrennung im Motor allgemein, im Otto- und Diesel-Motor. 4. Aufl 192 S., 57 Abb. 1968. (1076/1076a)
II: Gaswechselvorgang. Aufladen, Leistung, mittl. Druck. Reibung. Wirkungsgrade und Kraftstoffverbrauch. 152 S.. 62 Abb. 1966 (1184/1184a)
III: Die Einzelteile des Verbrennungsmotors. In Vorb (1185/1185a)

Autogenes Schweißen und Schneiden von H. Niese. 5. Aufl., neubearb. von A. Küchler. 136 S.. 71 Fig. 1953. (499)

Die elektrischen Schweißverfahren von H. Niese. 2. Aufl., neubearb. von H. Dienst. 136 S., 58 Abb. 1955. (1020)

Die Hebezeuge. Entwurf von Winden und Kranen von G. Tafel. 2., verb. Aufl. 176 S., 230 Fig. 1954. (414/414a)

Vermessungswesen

Vermessungskunde von W. Großmann. 3 Bde.
I: Stückvermessung und Nivellieren. 13., verb. Aufl. 162 S., 132 Fig. 1969. (468)
II: Horizontalaufnahmen und ebene Rechnungen. 10., verb. Aufl. 149 S., 101 Fig. 1967. (469/469a)
III: Trigonometrische und barometrische Höhenmessung. Tachymetrie und Absteckungen. 9., verb. Aufl. 145 S., 101 Fig. 1969. (862)

Kartographie von V. Heissler. 3. Aufl. 213 S., 125 Abb., 8 Anl. 1968. (30/30a)

Photogrammetrie von G. Lehmann. 2., neubearb. Aufl. 205 S., 136 Abb. 1966. (1188/1188a)

Wasserbau

Wasserkraftanlagen von A. Ludin unt. Mitarb. von W. Borkenstein. 2 Bde.
I: Planung, Grundlagen und Grundzüge. 124 S., 60 Abb. 1955. (665)
II: Anordnung und Ausbildung der Hauptbauwerke. 184 S., 91 Abb. 1958. (666/666a)

Verkehrswasserbau von H. Dehnert. 3 Bde.
I: Entwurfsgrundlagen, Flußregelungen. 103 S., 53 Abb. 1950. (585)
II: Flußkanalisierung und Schiffahrtskanäle. 94 S., 60 Abb. 1950. (597)
III: Schleusen und Hebewerke. 98 S., 70 Abb. 1950. (1152)

Wehr- und Stauanlagen von H. Dehnert. 134 S., 90 Abb. 1952. (965)

Talsperren von F. Tölke. 122 S., 70 Abb. 1953. (1044)

Hoch- und Tiefbau

Die wichtigsten Baustoffe des Hoch- und Tiefbaus von O. Graf†. 4., verb. Aufl. 131 S., 63 Abb. 1953. (984)

Baustoffverarbeitung und Baustellenprüfung des Betons von A. Kleinlogel. 2., neubearb. u. erw. Aufl. 126 S., 35 Abb. 1951. (978)

Festigkeitslehre. 2 Bde.
I: Elastizität, Plastizität und Festigkeit der Baustoffe und Bauteile von W. Gehler† u. W. Herberg. Durchges. u. erw. Neudr. 159 S., 118 Abb. 1952. (1144)
II: Formänderung, Platten, Stabilität und Bruchhypothesen von W. Herberg und N. Dimitrov. 187 S., 94 Abb. 1955. (1145/1145a)

Grundlagen des Stahlbetonbaues von A. Troche. 2., neubearb. u. erw. Aufl. 208 S., 75 Abb., 17 Bemessungstaf., 20 Rechenbeisp. 1953. (1078)

Statik der Baukonstruktionen von A. Teichmann. 3 Bde.
I: Grundlagen. 101 S., 51 Abb., 8 Formeltaf. 1956. (119)
II: Statisch bestimmte Stabwerke. 107 S., 52 Abb., 7 Taf. 1957. (120)
III: Statisch unbestimmte Systeme. 112 S., 34 Abb., 7 Formeltaf. 1958. (122)

Fenster, Türen, Tore aus Holz und Metall. Eine Anleitung zu ihrer guten Gestaltung, wirtschaftlichen Bemessung und handwerksgerechten Konstruktion von W. Wickop†. 5. Aufl. In Vorb. (1092)

Heizung und Lüftung von W. Körting. 2 Bde. 10., neubearb. Aufl.
I: Das Wesen und die Berechnung der Heizungs- und Lüftungsanlagen. 171 S., 29 Abb., 36 Zahlentaf. 1962. (342/342a)
II: Die Ausführung der Heizungs- und Lüftungsanlagen. In Vorb. (343)

Industrielle Kraft- und Wärmewirtschaft von F. A. F. Schmidt u. A. Beckers. 167 S., 73 Abb. 1957. (318/318a)

Sammlung Göschen / Bandnummernfolge

1 Langosch, Der Nibelunge Nôt
3/3a v. Ende, Maschinenelemente
9/9a Marcard-Beyer, Dampfkessel I
10 Jiriczek-Wisniewski, Kudrun und Dietrich-Epen
13/13a Lotze, Geologie
18 Maurer, Hartmann von Aue, Der arme Heinrich
19 Altheim, Römische Geschichte I
20 Hofstaetter, Dt. Sprachlehre
22 Maurer, Gottfried von Strassburg
29/29a Brauns-Chudoba, Allgemeine Mineralogie
30/30a Heissler, Kartographie
31/31a Brauns-Chudoba, Spezielle Mineralogie
32 Schneider-Wisniewski, Deutsche Heldensage
35 Treue, Dt. Geschichte von 1648 bis 1740
37/37a Klemm, Anorgan. Chemie
38/38a Schlenk, Organische Chemie
39 Treue, Dt. Geschichte von 1713 bis 1806
42 Behn-Hoernes, Vorgeschichte Europas
44 Kresze, Physikal. Meth. in der Organ. Chemie I
45/45a Kresze, Physikal. Meth. in der Organ. Chemie II
47 Fischer-Rohrbach, Arithmetik
51/51a Ringleb, Mathem. Formelsammlung
52 Bieler, Röm. Literaturgesch. I
59 Krahe, Indogerm. Sprachwiss. I
60 Biehle, Stimmkunde
61/61a Biehle, Redetechnik
64 Krahe, Indogerm. Sprachwiss. II
65/65a Grotemeyer, Analyt. Geometrie
66 Berneker-Vasmer, Russische Grammatik
70 Nestle-Liebich, Gesch. d. griechischen Literatur I
71 Schulze, Allgemeine und physikalische Chemie I
76 Döring, Einf. i. d. th. Physik I
77/77a Döring, Einf. i. d. th. Physik II
78 Döring, Einf. i. d. th. Physik III
79/79a Hempel, Got. Elementarbuch
80 Weigert, Stilkunde I
81 Schubert-Haussner-Erlebach, Vierstell. Logarithmentafeln
86 Barner, Differential- u. Integralrechnung I
96 Hartmann, Einf. in die allgem. Biologie
99 Hessenberg-Kneser, Ebene und sphär. Trigonometrie
101/101a Wiese, Soziologie
103/103a Burisch-Dahrendorf, Industrie und Betriebssoziologie
104/104a Hofstätter, Sozialpsychologie
111/111a Hoffmann-Debrunner-Scherer, Gesch. d. griechischen Sprache I
114/114a Debrunner-Scherer, Gesch. der griechischen Sprache II
117 Brandenstein, Griechische Sprachwissenschaft I
118/118a Brandenstein, Griechische Sprachwissenschaft II
119 Teichmann, Statik der Baukonstruktionen I
120 Teichmann, Statik der Baukonstruktionen II
122 Teichmann, Statik der Baukonstruktionen III
128/128a Lausberg, Romanische Sprachwissenschaft I
136 Mahler-Sohr, Physikal. Grundbegriffe und Formeln
141 Geitler, Morphologie der Pflanzen
142 Haack, Darst. Geometrie I
143 Haack, Darst. Geometrie II
144 Haack, Darst. Geometrie III
145/145a Weimer, Gesch. der Pädagogik

148 Kolms, Finanzwissenschaft I
156/156a Landmann, Philosophische Anthropologie
170 Oehlmann, Musik des 19. Jhs.
171/171a Oehlmann, Musik des 20. Jhs.
173 Bruhns-Ramdohr, Petrographie
174 Schlingloff, Religion des Buddhismus I
180 Böhm, Versicherungsmathem. I
184 Blümcke, Textilindustrie I
196/196a Mohr, Grundlagen der allgem. Elektrotechnik
200/200a Gottschald, Dt. Rechtschreibungswörterbuch
210 Bruhns-Ramdohr, Kristallographie
220/220a Moser, Allg. Musiklehre
221/221a Jander-Jahr-Knoll, Maßanalyse
222 Hassak-Beutel-Kutzelnigg, Warenkunde I
223 Hassak-Beutel-Kutzelnigg, Warenkunde II
226/226a Hofmann, Gesch. der Mathematik I
228 Vogel, Landw. Tierzucht
231/231a Ehrlich, Geschichte Israels
238 Krahe, German. Sprachwiss. I
243 Mahler-Sohr, Physikal. Aufgabensammlung
247/247a Hofmann-Jander, Qualitative Analyse
250 Lausberg, Romanische Sprachwissenschaft II
252 Vetter, Elektrochemie I
253 Vetter, Elektrochemie II
257 Humburg, Gleichstrommaschine I
264 Lockemann, Gesch. der Chemie I
265/265a Lockemann, Geschichte der Chemie II
270 Kirn-Leuschner, Einführung in die Geschichtswissenschaft
274 Zietemann, Dampfturbinen I
279 Jacob-Hohenleutner, Quellenkunde der deutschen Geschichte I
280 Jacob-Hohenleutner, Quellenkunde der deutschen Geschichte II
281 Leisegang, Einführung in die Philosophie
282/282a/282b Haltenorth, Säugetiere I
283/283a/283b Haltenorth, Säugetiere II
284 Jacob-Weden, Quellenkunde der deutschen Geschichte III
318/318a Schmidt-Beckers, Industrielle Kraft- u. Wärmewirtschaft
319 Krug, Australien und Ozeanien
329 Scharrer, Agrikulturchemie I
330/330a Scharrer, Agrikulturchemie II
335 Klug, Fette und Öle
336 Braun-Klug, Seifenfabrikation
342/342a Körting, Heizung und Lüftung I
343 Körting, Heizung und Lüftung II
344 Moser, Musikästhetik
354/354a Valentiner-König, Vektoren und Matrizen
355 Neger-Münch-Huber, Nadelhölzer
356 Lüdemann, Fische
374 Döring, Einf. i. d. th. Physik IV
375 Preller, Geschichte Englands I
389/389a Diels-Mattick, Pflanzengeographie
391 Kolms, Finanzwissenschaft II
394/394a Schilling, Von der Renaissance bis Kant
414/414a Tafel, Hebezeuge
422 Gottschald, Dt. Personennamen
423 Adler-Erlebach, Fünfstellige Logarithmen
432 Borchers, Metallkunde I
433/433a Borchers, Metallkunde II
434 Borchers-Hanke, Metallkunde III
435 Burau, Algebr. Kurven und Flächen I
436/436a Burau, Algebr. Kurven und Flächen II
439 Jaeckel, Würmer
440 Jaeckel, Weichtiere
441 Jaeckel, Stachelhäuter
442 Hannemann, Schwämme und Hohltiere
443 Gruner-Deckert, Krebse
444 Reichenow, Einzeller
445 Asmus, Physikal.-chem. Rechenaufgaben
447/447a Herter, Kriechtiere
448 Fechter, Manteltiere
452/452a Bahrdt-Scheer, Stöchiometr. Aufgabenslg.
468 Großmann, Vermessungskunde I
469/469a Großmann, Vermessungskunde II
476 Thum-Meysenbug, Werkstoffe des Maschinenbaues I
483 Henglein, Lötrohrprobierkunde

492/492a Stolz-Debrunner-Schmid, Geschichte der lateinischen Sprache
499 Niese-Küchler, Autogenes Schweißen
500 Simmel, Hauptprobleme der Philosophie
521/521a Marcard-Beyer, Dampfkessel II
536 Kaulbach, Kant
538 Rumpf, Archäologie I
539 Rumpf, Archäologie II
540 Rumpf, Archäologie III
557 Nestle-Liebich, Gesch. der griech. Literatur II
561 Matthes, Werkzeugmaschinen I
562 Matthes, Werkzeugmaschinen II
564 Behn-Hoernes, Kultur der Urzeit I
565 Behn-Hoernes, Kultur d. Urzeit II
566 Behn-Hoernes, Kultur d. Urzeit III
571 Lehmann, Philosophie des 19. Jahrhunderts I
576/576a Moser, Gesangskunst
579 Müller-Schulze, Techn. Tabellen
580/580a Sedlaczek, Walzwerke
583/583a Engel, Maschinen der Eisenhüttenwerke
584/584a Müller, Kinematik
585 Dehnert, Verkehrswasserbau I
587 Kalitsunakis-Steinmetz, Neugriech.-dt. Gesprächsbuch
589 Tochtermann, Maschinenzeichnen I
590 Tochtermann, Maschinenzeichnen II
594 Lengerken, Insekten
597 Dehnert, Verkehrswasserbau II
601 Mutschmann-Scherer, Engl. Phonetik
608/608a/608b Erman-Krückmann, Hieroglyphen
619/619a Buchwald, Kristalloptik
665 Ludin-Borkenstein, Wasserkraftanlagen I
666/666a Ludin-Borkenstein, Wasserkraftanlagen II
668 Knopp, Funktionentheorie I
677 Altheim, Röm. Geschichte II
679 Altheim, Röm. Geschichte III
684 Altheim, Röm. Geschichte IV
691 Fauser, Kulturtechn. Bodenverbesserungen I
692 Fauser, Kulturtechn. Bodenverbesserungen II
698/698a Schulze, Allgemeine u. physikalische Chemie II
703 Knopp, Funktionentheorie II
708/708a/708b Meissner-Oberhuber, Keilschrift
709 Lehmann, Philosophie des 19. Jahrhunderts II
711/711a/711b Kesselring, Berechnung der Schaltgeräte
714/714a/714b zur Megede, Technik selbsttätiger Regelungen
715 Zietemann, Dampfturbinen II
716 Zietemann, Dampfturbinen III
718 Neger-Münch-Huber, Laubhölzer
728/728a Pirani-Fischer-Runge, Graph. Darstellung in Wissenschaft u. Technik
735 Ekwall, Historische neuengl. Laut- und Formenlehre
746/746a Pfanzagl, Allg. Methodenlehre der Statistik I
747/747a Pfanzagl, Allg. Methodenlehre der Statistik II
756/756a Kalitsunakis, Gramm. d. Neugriech. Volksspr.
763/763a/763b Meyer, Hebräische Grammatik I
764/764a/764b Meyer, Hebräische Grammatik II
765/765a/765b Meyer, Hebräische Grammatik III
768/768a Bieberbach, Einführung in die konforme Abbildung
769/769a Beer-Meyer, Hebräisches Textbuch
770 Schlingloff, Religion des Buddhismus II
776/776a Kolms, Finanzwissenschaft III
780 Krahe, German. Sprachwiss. II
781 Weigert, Stilkunde II
782/782a Kolms, Finanzwissenschaft IV
786 Schulze, Molekülbau
796/796a Meiners-Wiesenewsky, Elektr. Höchstspannungs-Schaltanlagen
809 Moser, Harmonielehre
826 Koch, Philosophie d. Mittelalters
827/827a/827b Meyer, Elektromotorische Antriebe
831 Erismann, Allg. Psychologie I
832/832a Erismann, Allg. Psychologie II
833 Erismann, Allg. Psychologie III
834/834a Erismann, Allg. Psychologie IV

837/837 a Baumgartner, Gruppentheorie
845 Lehmann, Philosophie im ersten Drittel des 20. Jhs. I
847 Herter, Lurche
850 Lehmann, Philosophie im ersten Drittel des 20. Jhs. II
851/851 a Moede, Psychologie des Berufs- und Wirtschaftslebens
857 Capelle, Griech. Philosophie I
858 Capelle, Griech. Philos. II
859 Capelle, Griech. Philos. III
862 Großmann, Vermessungskunde III
863 Capelle, Griech. Philos IV
866 Bieler, Röm. Literaturgeschichte II
869 Freye, Vögel
875 Hofmann, Geschichte der Mathematik II
877 Knopp, Aufgabensammlung zur Funktionentheorie I
878 Knopp, Aufgabensammlung zur Funktionentheorie II
881 Humburg, Gleichstrommaschine II
882 Hofmann, Geschichte der Mathematik III
883 Stuloff, Mathematik der neuesten Zeit
893 Treue, Dt. Geschichte von 1806 bis 1890
894 Treue, Dt. Geschichte von 1890 bis zur Gegenwart
896/896 a Pokorny, Altirische Gramm.
902 Müller, Dynamik I
903 Müller, Dynamik II
910 Jaeger, Afrika I
911 Jaeger, Afrika II
915 Sperber-Polenz, Gesch. der Deutschen Sprache
917/917 a Böhm, Versicherungsmathematik II
920/920 a Hoheisel, Gewöhnliche Differentialgleichungen
921 Jantzen-Kolb, W. v. Eschenbach, Parzival
924/924 a Brandenstein, Griechische Sprachwissenschaft III
929 Schirmer-Mitzka, Dt. Wortkunde
930 Krull, Elementare und klassische Algebra I
931 Hasse, Höhere Algebra I
932 Hasse, Höhere Algebra II
933 Krull, Elementare und klassische Algebra II
936 Thum-Meysenbug, Werkstoffe d. Maschinenbaues II
942/942 a Damerau, Polnische Grammatik
952/952 a Schäfer, Transformatoren
953 Zipperer, Techn. Schwingungslehre I
961/961 a Zipperer, Techn. Schwingungslehre II
965 Dehnert, Wehr- und Stauanlagen
970/970 a Baldus-Löbell, Nichteuklidische Geometrie
972/972 a Herter-Urich, Vergleichende Physiologie der Tiere I
973/973 a Herter-Birukow, Vergleichende Physiologie der Tiere II
978 Kleinlogel, Baustoffverarbeitung und Baustellenprüfung d. Betons
984 Graf, Baustoffe des Hoch- und Tiefbaus
999/999 a Kamke, Mengenlehre
1000 Jaspers, Geist'ge Situat. der Zeit
1003 Hoheisel, Partielle Differentialgleichungen
1008/1008 a Mellerowicz, Allgem. Betriebswirtschaftslehre I
1009 Bechert-Gerthsen-Flammersfeld, Atomphysik I
1014/1014 a Huttenlocher-Ramdohr, Mineral- und Erzlagerstättenkunde I
1015/1015 a Huttenlocher-Ramdohr, Mineral- und Erzlagerstättenkunde II
1017 Döring, Einf. i. d. th. Physik V
1020 Niese-Dienst, Elektrische Schweißverfahren
1031/1031 a Apel-Ludz, Philosophisches Wörterbuch
1033 Bechert-Gerthsen-Flammersfeld, Atomphysik II
1034 Kranefeldt-Jung, Therapeutische Psychologie
1035 Altheim, Röm. Religionsgeschichte I
1039/1039 a Dovifat, Zeitungslehre I
1040/1040 a Dovifat, Zeitungslehre II
1044 Tölke, Talsperren
1045 Schubert, Technik des Klavierspiels
1051/1051 a Stolberg-Wernigerode, Gesch. d. Vereinigten Staaten
1052 Altheim, Röm. Religionsgeschichte II

1059/1059a Hoheisel, Aufgabenslg. z. d. gew. u. part. Differentialgleichungen
1061 Grodzinski-Lechner, Getriebelehre I
1062/1062a Grodzinski-Lechner, Getriebelehre II
1065 Haller-Dannenbauer, Von den Karolingern zu den Staufern
1070 Sauter, Differentialgleichungen der Physik
1074 Koschmieder, Variationsrechnung I
1075 Koschmieder, Variationsrechnung II
1076/1076a Endres, Verbrennungsmotoren I
1077 Haller-Dannenbauer, Von den Staufern zu den Habsburgern
1078 Troche, Stahlbetonbau
1082 Hasse-Klobe, Aufgabensammlung zur höheren Algebra
1084/1084a Grigull, Techn. Thermodynamik
1085 Lietzmann-Aland, Zeitrechnung
1086 Müller, Dt. Dichten und Denken
1088 Preller, Gesch. Englands II
1092 Wickop, Fenster, Türen, Tore
1094 Hernried, System Modulation
1096 Viëtor. Dt. Dichten und Denken
1099 Hoheisel, Integralgleichungen
1105 Hartung, Dt. Geschichte im Zeitalter der Reformation
1108 de Boor-Wisniewski, Mittelhochdeutsche Grammatik
1109 Knopp, Elemente der Funktionentheorie
1111/1111a Naumann-Betz, Althochdt. Elementarbuch
1113/1113a Strubecker, Differentialgeometrie I
1114/1114a Schubel, Engl. Literaturgeschichte I
1115/1115a/1115b Ranke-Hofmann, Altnord. Elementarbuch
1116 Schubel, Engl. Literaturgeschichte II
1117 Haller-Dannenbauer, Eintritt der Germanen in die Geschichte
1121 Naumann, Dt. Dichten u. Denken
1122 Jesch, Sprecherziehung
1123/1123a Bechert-Gerthsen-Flammersfeld, Atomphysik III
1124 Schubel, Engl. Literaturgeschichte III
1125 Lehnert, Altengl. Elementarbuch
1127 Hartmann, Geschlecht u. Geschlechtsbestimmung im Tier- und Pflanzenreich
1128 Buchner, Symbiose d. Tiere
1130 Dibelius-Kümmel, Jesus
1131 Scholz-Schoeneberg, Einführung in die Zahlentheorie
1132 Frühauf, Überspannungen
1134 Kuckuck, Pflanzenzüchtung I
1135 Lehnert, Beowulf
1137 Heil, Entwicklungsgesch. d. Pflanzenreiches
1138 Hämmerling, Fortpflanzung im Tier- und Pflanzenreich
1140 Unger, Induktionsmaschinen
1141/1141a Hanke, Hormone
1142 Meissner-Lehnert, Shakespeare
1144 Gehler-Herberg, Festigkeitslehre I
1145/1145a Herberg-Dimitrov, Festigkeitslehre II
1146 Putz, Synchronmaschine
1147 Waltershausen, Kunst d. Dirigierens
1148 Pepping, Der polyphone Satz I
1152 Dehnert, Verkehrswasserbau III
1153/1153a Mellerowicz, Allgem. Betriebswirtschaftslehre II
1154/1154a Mellerowicz, Allgem. Betriebswirtschaftslehre III
1155 Schwartz, Mikrobiologie I
1156/1156a Meinke, Komplexe Berechnungen v. Wechselstromschaltungen
1157 Schwartz, Mikrobiologie II
1158/1158a Mayrhofer, Sanskrit-Grammatik
1159 Jungbluth, Gießereitechnik I
1160 Dibelius-Kümmel, Paulus
1161 Kaestner, Spinnentiere
1162 Seidel, Entwicklungsphysiologie der Tiere I
1163 Seidel, Entwicklungsphysiologie der Tiere II
1164/1164a Pepping, Der polyphone Satz II
1165/1165a Bechert-Gerthsen-Flammersfeld, Atomphysik IV
1169 Paulsen, Allgemeine Volkswirtschaftslehre I
1170/1170a Paulsen, Allgemeine Volkswirtschaftslehre II
1171/1171a Paulsen, Allgemeine Volkswirtschaftslehre III

1172 Paulsen, Allgemeine Volkswirtschaftslehre IV
1173/1173a Hamann-Funke-Nollen, Chemie der Kunststoffe
1176/1176a Lorenzen, Form. Logik
1177/1177a Redeker, Schleiermacher
1178/1178a Kuckuck, Pflanzenzüchtung II
1179/1179a Strubecker, Differentialgeometrie II
1180/1180a Strubecker, Differentialgeometrie III
1181 Franz, Topologie I
1182/1182a Franz, Topologie II
1183/1183a Nicolas, Finanzmathematik
1184/1184a Endres, Verbrennungsmotoren II
1185/1185a Endres, Verbrennungsmotoren III
1186/1186a Mellerowicz, Allgemeine Betriebswirtschaftslehre IV
1187 Lau, Luther
1188/1188a Lehmann, Photogrammetrie
1189/1189a Päsler, Mechanik
1190 Stupperich, Melanchthon
1191/1191a Bräuer, Slav. Sprachwissenschaft I
1192/1192a/1192b Bräuer, Slav. Sprachwissenschaft II
1193 Fürstenberg, Wirtschaftssoziologie
1194/1194a Wendt, Gesch. d. Volkswirtschaftslehre
1195 Ohm, Allgem. Volkswirtschaftspolitik I
1196/1196a Ohm, Allgem. Volkswirtschaftspolitik II
1197/1197a Onasch, Konfessionskunde der orthod. Kirchen
1198 Engel, Straßenverkehrstechnik
1199 Lausberg, Romanische Sprachwissenschaft III, 1. Teil
1200/1200a Lausberg, Romanische Sprachwissenschaft III, 2. Teil
1201/1201a Dehn, Versuche zur allgem. u. phys. Chemie
1202/1202a Nagel, Gesch. des christl. Gottesdienstes
1203 Wendland, Sozialethik
1204 Scheurig, Zeitgeschichte
1205/1205a Hofmann, Ideengeschichte d. soz. Bewegung
1206/1206a Langen, Lineare Programmierung
1208 Lausberg, Romanische Sprachwissenschaft IV
1209/1209a Bock, Therm. Verfahrenstechnik I
1210/1210a Bock, Therm. Verfahrenstechnik II
1211/1211a Bock, Therm. Verfahrenstechnik III
1212/1212a Hilf, Arbeitswissenschaft
1213/1213a Kosiol, Buchhaltung und Bilanz
1214/1214a Kosiol, Kostenrechnung und Betriebsbuchhaltung
1216/1216a Bauer, Wahrscheinlichkeitstheorie
1217/1217a Schubiger, Einf. in die Phonetik
1218/1218a/1218b Meid, German. Sprachwiss. III
1219 Schmidt-Clausing, Zwingli
1220/1220a Zemann, Kristallchemie
1221 Gerdes, Kierkegaard
1222/1222a Tschižewskij, Slav. Literaturen I
1223 Tschižewskij, Slav. Literaturen II
1224/1224a/1224b Wedepohl, Geochemie
1225/1225a Schneider-Jurksch, Datenverarbeitungsanlagen
1226/1226a/1226b Weinstock, Mittelengl. Elementarbuch
1227/1227a Wedig, Übungsaufgaben zu A. Paulsen, Allgem. Volkswirtschaftslehre I/II
1228 Kehrer, Religionssoziologie
1229/1229a Atteslander, Methoden der empirischen Sozialforschung
1230/1230a Marcard-Beyer, Dampfkessel III
1231 Hundhausen, Werbung
1232 Hundhausen, Wirtschaftswerbung
1233 Hundhausen, Public Relations
1234 Hundhausen, Propaganda
1235/1235a Grochla, Betriebsverbindungen
1236/1236a Bräuer, Slav. Sprachwissenschaft III

Autorenregister

FSC
www.fsc.org
MIX
Papier | Fördert gute Waldnutzung
FSC® C083411

Zeitfracht Medien GmbH
Ferdinand-Jühlke-Straße 7
99095 Erfurt, Deutschland
produktsicherheit@kolibri360.de